快·学习

快速跟进 学习参考

全局之变：迈向碳达峰碳中和

■ 冯相昭 周景博 王敏 编著

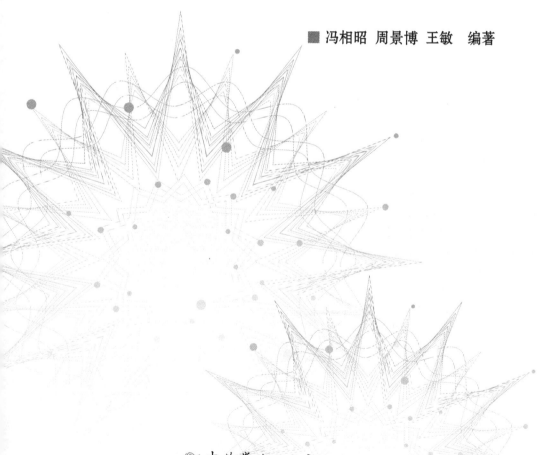

中共党史出版社

图书在版编目（CIP）数据

全局之变：迈向碳达峰碳中和 / 冯相昭，周景博，王敏编著 . -- 北京：中共党史出版社，2022.4

ISBN 978-7-5098-5997-1

Ⅰ . ①全… Ⅱ . ①冯… ②周… ③王… Ⅲ . ①气候变化—对策—研究—中国②二氧化碳—排气—研究—中国

Ⅳ . ① P467 ② X511

中国版本图书馆 CIP 数据核字 (2022) 第 026799 号

出版发行：*中共党史出版社*

责任编辑：李亚平　陈华丽（特约）

责任校对：申宁

责任印制：段文超

社　　址：北京市海淀区芙蓉里南街 6 号院 1 号楼

邮　　编：100080

网　　址：www.dscbs.com

经　　销：新华书店

印　　刷：北京盛通印刷股份有限公司

开　　本：160mm × 230mm　1/16

字　　数：120 千字

印　　张：11.5

印　　数：1—5000 册

版　　次：2022 年 4 月第 1 版

印　　次：2022 年 4 月第 1 次印刷

ISBN 978-7-5098-5997-1

定　　价：38.00 元

此书如有印制质量问题，请与中共党史出版社出版部联系

电话：010 — 82517197

碳达峰碳中和缘起以全球变暖为主要特征的气候变化问题。应对气候变化，保护全球气候，是为了人类的共同未来。控制气候变暖速度和幅度，需要我们迈开腿、疾步走，加速清零碳排放。2020年9月中国政府向国际社会郑重宣示力争2030年前二氧化碳排放达到峰值、2060年前实现碳中和，不仅提振了世界应对气候变化的雄心，彰显了构建人类命运共同体的大国责任担当，同时也极大地推动了中国经济社会绿色低碳全面发展转型的进程。2021年3月，习近平总书记在主持召开中央财经委员会第九次会议时指出，"实现碳达峰、碳中和是一场广泛而深刻的经济社会系统性变革，要把碳达峰、碳中和纳入生态文明建设整体布局"。可见，"双碳"是经济发展和社会文明形态演变的主要驱动力，实现碳达峰碳中和是推动中国高质量发展的内在要求，也是促进经济社会全面绿色转型的应有之义。

纵观国际，我们发现世界上主要经济体实现碳达峰不外乎有三种情况：第一种情况是自然达峰，不管采不采取行动，社会经济发展到成熟发达的阶段，都会自然达峰，历史上像西欧和北欧等一些发达国家均属于这种情况。第二种情况是半自然达峰，即依靠市场力量驱动的达峰。由于各国经济结构和资源禀赋的差异，高碳的化石能源被市场挤出，碳排放自然便降下来了，这是一种市场驱动实现的碳排放达峰，比如法国，煤炭、石油和天然气等化石能源资源禀赋不足，为了满足能源需求，法国大力发展具有零碳属性的核电，但其发展核电的初衷并非实现碳减排，更多是出于对能源安全和经济属性的考虑，属于市场机制驱动的达峰。英国则在20世纪80年代关闭了国内的煤矿，因为其在北海发现了天然气田且大量开采，相比之下本土煤炭开采成本太高，所以英国通过市场的力量用碳排放因子较低的天然气取代了高碳的煤炭。第三种情况是人为强制的达峰，即通过各种人为干预的政策措施确保碳排放达峰目标提前实现，我国的碳达峰显然属于此类情况，这是由我国当前的社会经济发展阶段、产业结构特征以及能源资源禀赋决定的。作为全球最大的发展中国家，我国能源结构以煤为主、产业结构偏重，所以力争2030年前实现碳达峰，在很大程度上将通过人为干预的压峰降峰而实现。

关于碳达峰，要消除一个误解，即想当然地认为碳达峰是一个单峰。实践中，碳达峰的"峰"是一个平台期，通常需要在高位经过一段时间的波动，不是达到最高点以后线性下降。所以，要警惕人们对碳达峰机械片面的理解，尽可能避免在推进碳达峰的实践中出现"一刀切"现象（如拉闸限电），要坚持统筹谋划，在降碳的同时确保能源安全、产业链供应链安全，确保经济社会的正常运行。

迈向碳中和意味着一场影响深远的经济社会文明形态转型历程，既需要颠覆性的科学技术革命，也需要社会性的软技术变革。我们知道，碳中和是指在某一个时间节点某一经济体二氧化碳的人为排放和人为移除实现平衡，不是对大气中的存量碳进行清零和减少，而是对增量的清零，即净零排放。现阶段，我国控制碳排放的主要举措是减少化石能源燃烧排放，而化石能源使用的大幅减少在较短期内不可能实现。根据相关规划，实现这一目标，关键在于技术创新，尤其是具有颠覆性的技术革命，实现零碳的能源生产、供给和消费。改良性技术可以提高能效。比如煤炭机组发电，从亚临界、超临界到超超临界，通过技术改良，煤电机组的燃煤消耗从450克/kWh下降到270克/kWh，如若将来不使用碳捕获、封存和利用技术，无论怎样提高能效和降低碳排放，都很难实现零碳。国民经济运行和社会发展所需的是能源服务，并不需要碳。实际上，依靠颠覆性技术，开发风、光、水还有碳中性的生物质能，逐步摆脱对化石能源的高度依赖，迈向零碳经济也就顺理成章、水到渠成了。随着颠覆性技术的不断出现，化石能源的彻底退出将是一个必然趋势。现阶段，我们需要立足自身能源资源禀赋，坚持先立后破、通盘谋划，传统能源逐步退出必须建立在新能源安全可靠的替代基础上。除了能源生产侧，消费侧的终端能源需求和效率水平也需要而且正在发生革命性技术变革。比如在交通运输领域，纯电动汽车如果电力源自无限风光的零碳电源，无需燃油，则自然零碳交通。根据国家规划，我国到2025年，新能源汽车续航里程达到500公里以上，每百公里电耗在12度以内，这对消费者将会是一种巨大的市场诱惑，对燃油汽车的研发和生产也将是巨大的冲击。

碳中和所引领的变化，是整个社会文明形态整体转型的动力源泉和标志所在，除了颠覆性技术，还必须有体制性和社会性的软技术变革来压缩总需求。工业文明时代强调生产消费平衡、规模化经营和高资本运作，所有的化石燃料，不论是煤炭、石油还是天然气，都是在某一个点开采、转化、再分发，全过程规模化资本密集型经营，垄断属性强，需求侧的能源安全可控性弱。

在碳中和时代，碳资产的占有和使用关系也可以发生变化：自家屋顶安装生产资料光伏发电设备，自己生产满足自家需求，还可以卖给电网；共享经济时代，人们可以不必非得拥有一辆自己的汽车或自行车。但求所用，不求所有，这是碳中和导向下的一种社会发展新范式，也是新时代生活方式的转型方向。"万物各得其和以生，各得其养以成。""和"是我们的价值追求，人与自然的和谐共生，是碳中和的内在动因和所遵循的生态逻辑。

由业界"双碳"领域专家编撰的《全局之变：迈向碳达峰碳

中和》一书，问题导向，权威专业；内容全面，解读到位；深入浅出，答案适用。跨越长达 40 年而实现的目标，碳中和显然是一个不断演化完善的艰辛进程，因而本书不可能尽善尽美。引导读者入门，避免误区，在正轨上提速行动，践行碳中和，善莫大焉！是为序。

潘家华

中国社会科学院学部委员

国家气候变化专家委员会副主任

北京工业大学生态文明研究院院长

2022 年 2 月

　　力争 2030 年前实现碳达峰、2060 年前实现碳中和，是中国政府经过深思熟虑作出的重大战略决策，也是 2015 年《巴黎协定》签署以来全球气候治理进程中最具影响力的进展。中国已将"双碳"目标纳入生态文明建设整体布局，并将其视作一场"广泛而深刻的经济社会系统性变革"，战略决心之大、影响之深远前所未有。从根本上理解生态文明时代人类发展的本质变化，以及"双碳"目标下经济社会将发生的全局性变化，对于探索中国低碳发展转型路径具有重要意义。

　　众所周知，人类从农耕文明迈入工业文明后，物质财富的生产和消费得到了极大促进，同时，工业文明作为人类文明史的进步也有诸多历史功绩。但不可否认的是，在物质方面，工业文明造成了人类无止境地向自然索取，加剧了人与自然关系的紧张，带来了气候变化等不可持续的环境危机。因此，人类社会有必要寻找一条新的发展道路，实现从工业文明到生态文明转换，重塑人与自然的关系。

　　就全球而言，碳中和浪潮正在推动世界主要经济体摆脱以往以化石能源为主的高碳发展模式，从根本上转变增长方式和生产、生活方式。对于中国而言，实现碳达峰、碳中和不仅是在新发展阶段构建新发展格局、实现"第二个百年"奋斗目标的内在要求，也是着力解决当前资源环境约束突出问题、实现中华民族永续发展的必然选择，同时也是构建人类命运共同体的庄严承诺。实现碳达峰、碳中和意味着中国的经济社会将发生全局性变化，"双碳"目标要求全面融入国家和地方各级经济社会发展近中长期规划、国土空间规划、专项规划、区域规划等，与此相对应，产业、投资、科技研发、就业、贸易、消费等诸多方面将呈现出系统性变革。

在产业领域，伴随着科技发展，产业结构升级调整进程加快，高耗能高排放项目能耗与排放准入标准不断提高，新一代信息技术、生物技术、新能源、新材料、高端装备、新能源汽车、绿色环保以及航空航天、海洋装备等战略性新兴产业、绿色低碳产业在国民经济中的产值占比和就业占比都会上升。在能源领域，随着非化石能源的技术成本迅速下降，以及新能源技术的可靠性和稳定性提高，风能、太阳能、氢能、储能等整个能源系统都将发生变化，能源结构将在未来几十年中发生颠覆性巨变。另外，得益于信息通信技术的发展，尤其"新基建"包括5G技术、大数据、人工智能、工业互联网等为代表的技术群的发展，传统制造业的"数智赋能"进程提速，生产过程中"跑冒滴漏"会大幅减少，能源利用效率、生产效率、残次品率也将会大大改善。在交通领域，通过加快建设综合立体交通网，大力发展多式联运，提高铁路、水路在综合运输中的承运比重，持续降低运输能耗和二氧化碳排放强度，促进优化交通运输结构；通过积极发展新能源和清洁能源车船，推广智能交通，推进铁路电气化改造，推动加氢站建设，构建便利高效、适度超前的充换电网络体系，促进交通运输工具的电气化和清洁化水平。建筑领域也会发生积极变化，建筑能效会大幅提高，超低能耗建筑、低碳建筑规模持续增加，"光储直柔"技术的推广也将改变人们以往对住宅、发电的概念。除了技术、产业方面的变化，普通民众的意识与行为也将发生改变，简约适度、绿色低碳、文明健康的生活消费方式倡议将逐渐转化为全体人民的自觉行动。

现如今，中国的"3060"双碳工作部署安排正加紧推进，从碳达峰到碳中和的 30 年时间远远短于发达国家，这将给中国带来严峻挑战，同时也为中国创新发展路径提供了可能，即发挥制度优势、资源条件、技术潜力、市场规模，以较低的峰值水平和人均收入及较短的平台期达峰，以较快的结构转换速度和技术创新周期达到碳中和。我们有理由相信，在"双碳"新形势下，以低碳为核心目标的经济社会发展全面绿色转型，将会给中国乃至世界的经济带来巨大的收益，开创新的业态、新的财富增长领域。在应对气候变化新征程上，中国将会谱写新的增长故事，以能源绿色低碳发展为关键，加快形成节约资源和保护环境的产业结构、生产方式、生活方式、空间格局，变"绿水青山"为"金山银山"，尽早实现"双碳"目标。

邹骥

能源基金会首席执行官兼中国区总裁

中国人民大学教授、博士生导师

2022 年 2 月

编者前言

　　2020 年 9 月 22 日，习近平主席在第七十五届联合国大会一般性辩论上做出庄严承诺，"中国将提高国家自主贡献力度，采取更加有力的政策和措施，二氧化碳排放力争于 2030 年前达到峰值，努力争取 2060 年前实现碳中和"。在 12 月 12 日的气候雄心峰会上，习近平主席发表题为《继往开来，开启全球应对气候变化新征程》的重要讲话，进一步明确了新的国家自主贡献目标，即到 2030 年，中国单位国内生产总值二氧化碳排放将比 2005 年下降 65% 以上；非化石能源占一次能源消费比重将达到 25% 左右；森林蓄积量将比 2005 年增加 60 亿立方米；风电、太阳能发电总装机容量将达到 12 亿千瓦以上。这些重要讲话不仅彰显了中国积极参与全球气候治理的负责任大国形象，也向国际社会传达了推动构建人类命运共同体的坚定信心。

　　在国内，党中央以一系列重要会议组织召开为契机加紧了碳达峰碳中和工作的部署安排。2020 年 10 月召开的党的十九届五中全会，把碳达峰、碳中和作为"十四五"规划和 2035 年远景目标。随后的中央经济工作会议明确将"做好碳达峰、碳中和工作"作为 2021 年八项重点任务之一。2021 年 3 月 15 日，习近平总书记在中央财经委员会第九次会议上强调"实现碳达峰、碳中和是一场广泛而深刻的经济社会系统性变革，要把碳达峰、碳中和纳入生态文明建设整体布局，拿出抓铁有痕的劲头，如期实现 2030 年前碳达峰、2060 年前碳中和的目标"。这些重要举措不仅凸显了碳达峰、碳中和工作的战略定位，也昭示着我国促进经济社会全面转型发展的勃勃雄心。

现阶段，以实现碳达峰、碳中和为战略目标的全局之变的帷幕已然拉开，伴随着社会各界对于"双碳"议题关注的日益高涨，各级领导干部对于"双碳"知识的渴求也愈发强烈。基于此，有必要从不同视角出发，编写一本碳达峰碳中和的科普读物，回溯全球气候治理的变迁，诠释"双碳"的缘起和由来，分析主要经济体在实现碳达峰时的特征以及承诺碳中和的主要路径，跟踪国内"双碳"工作部署的进展，梳理国内碳达峰碳中和"1+N"政策体系的脉络，解码我国迈向碳达峰碳中和的转型路径和对策方案。

本书紧扣以习近平同志为核心的党中央作出的"双碳"纳入生态文明建设整体布局和经济社会发展全局的战略决策主题，内容主要包括五个篇章，即风云变幻——科学认知篇，临危制变——全球进程篇，知机识变——中国需求篇，识时达变——中国进展篇，临机应变——迈向未来篇。每篇均以问答的形式，共有 150 个一问一答，所有问答都是基于编写组和同行专家在气候变化领域取得的研究成果和工作进展，以及政府部门发布的政策文件。希望本书能够为各级领导干部和广大读者了解"双碳"知识、增加"双碳"技能提供帮助。

编写组

2022 年 2 月

目 录

1	**风云变幻——科学认知篇**
2	**几个重要的名词解释**
2	1. 什么是气候变化?
2	2. 什么是温室效应?
3	3. 什么是化石能源?
3	4. 什么是新能源?
3	5. 什么是生态碳汇?
4	6. 什么是碳达峰?
4	7. 什么是碳中和?
4	8. 什么是碳捕集、利用与封存(CCUS)?
5	9. 什么是碳交易?
5	10. 什么是碳金融?
5	**气候变化及其影响的观测事实**
5	11. 近百年来全球气候发生了怎样的变化?

目 录

6   12. 观测到的气候变化影响有哪些？

8   13. 温室气体主要包括哪些气体？

8   14. 观测到的温室气体长期变化特征是什么？

9   15. 控制甲烷等短期温室气体排放有哪些意义？

10   16. 未来全球气候变化的趋势是怎样的？

10   17. 未来可能的气候变化风险有哪些？

11   18. 实现温升不超 1.5℃，需要在哪一年达到净零排放？

12   19. 温室气体和污染物具有怎样的协同效应？

13   20. IPCC 第六次评估报告还有哪些新的发现？

13   **关于碳达峰碳中和的认知误区**

13   21. 如何理解"碳中和是发达国家设置的生态陷阱"？

14   22. 如何理解"碳达峰、碳中和目标是针对全领域温室气体
      的排放"？

14   23. 如何理解"可再生能源完全可以取代火电实现碳中和"？

15   24. 如何理解"可以通过把二氧化碳转化成化学品解决其去
      向问题"？

目 录

15　25. 如何理解"可以通过大量捕集和利用二氧化碳实现碳中和目标"？

16　26. 如何理解"可以通过提高能效实现碳达峰、碳中和目标"？

16　27. 如何理解"使用电动车有助于大幅降低二氧化碳排放"？

17　28. 如何理解"陆地生态系统具有碳汇功能，所以都是碳汇"？

18　29. 如何理解"绿色金融服务碳达峰和碳中和的时机还未到"？

19　30. 实现碳达峰碳中和还有哪些认识误区？

21　**临危制变——全球进程篇**

22　**气候变化国际谈判进程**

22　31. 全球气候治理进程是在什么背景下开启的？

23　32.《联合国气候变化框架公约》的主要内容是什么？

23　33. 气候变化国际谈判主要经历了哪几个阶段？

25　34.《京都议定书》中明确的全球减排目标是什么？

26　35.《巴黎协定》有哪些重要意义？

26　36. 什么是国家自主贡献？

目　录

27　37.《联合国气候变化框架公约》第 26 次缔约方大会取得了

　　　哪些成果?

28　38. IPCC 评估报告是如何推动气候变化国际谈判的?

29　**气候变化国际履约进展**

29　39. 全球温室气体排放现状是怎样的?

31　40. 有哪些国家已经实现碳达峰?

31　41. 有哪些国家将碳中和目标纳入国家战略?

34　42. 推动碳达峰和碳中和的实践经验有哪些?

35　43. 有哪些国家将甲烷减排目标纳入国家自主贡献?

36　44. 欧盟绿色新政的主要内容有哪些?

37　45.《欧盟甲烷减排战略》提出的行动方案是什么?

39　46. 美国拜登政府的气候政策走向如何?

40　47. 全球碳市场发展情况如何?

41　48. 低碳城市建设有哪些经验可以参考?

目 录

43 知机识变——中国需求篇

44 气候变化对中国的影响

44 49. 气候变化对中国已经产生了哪些影响?

45 50. 气候变化还将对中国产生哪些影响?

47 碳达峰碳中和带来的变革

47 51. 中国碳排放现状如何?

49 52. 中国的主要碳排放源有哪些?

53 53. 中国实现碳中和目标面临的挑战有哪些?

54 54. 实现碳中和目标对中国生态环境有哪些影响?

55 55. 实现碳中和目标对中国能源结构调整有哪些影响?

57 56. 实现碳中和目标对中国产业结构调整有哪些影响?

58 57. 实现碳中和目标对中国经济社会发展有哪些影响?

58 58. 实现碳中和目标对中国技术发展有哪些影响?

60 59. 实现碳中和目标对企业有哪些影响?

60 60. 实现碳中和目标对公众有哪些影响?

61 61. 碳达峰碳中和对就业有哪些影响?

目 录

62 | **碳达峰碳中和带来的机遇**

62 | 62. 中国为什么主动承诺碳达峰碳中和目标？

64 | 63. 中国实现碳中和的基本路径是什么？

64 | 64. 实现碳中和目标将为中国经济社会发展带来哪些机遇？

65 | 65. 碳达峰碳中和将产生多少投资需求？

67 | **识时达变——中国进展篇**

68 | **中国应对气候变化的体制建设**

68 | 66. 中国应对气候变化的组织结构是怎样的？

69 | 67. 中国参与气候变化国际交流与合作方面进展如何？

71 | 68. 中国是如何将应对气候变化与经济社会发展规划相结合的？

72 | 69. 中国应对气候变化的国际角色是如何定位的？

74 | 70. 中国建立了怎样的碳排放强度考核制度？

75 | **碳达峰碳中和的中国行动进展**

75 | 71. 中国碳排放现状如何？

76　　72. 中国设定的温室气体排放目标是什么？

76　　73. 中国向国际社会承诺的自主贡献目标有哪些？

77　　74. 中国碳达峰碳中和领域的制度建设进展如何？

78　　75. 中国在能源领域的调整进展如何？

79　　76. 中国产业结构是如何优化调整的？

80　　77. 中国建材工业碳减排进展如何？

82　　78. 中国城乡建设和建筑领域碳减排进展如何？

83　　79. 中国在低碳交通方面取得了哪些进展？

84　　80. 中国在增加生态碳汇方面取得了哪些进展？

85　　81. 中国碳捕集、利用与封存（CCUS）技术发展现状如何？

86　　82. 中国低碳省市建设进展如何？

88　　83. 中国碳市场建设进展如何？

89　　84. 针对限制"两高"项目准入提出了哪些要求？

89　　85. 如何将碳排放纳入环境影响评价体系？

90　　86. 中国针对碳捕集、利用与封存（CCUS）技术提出了哪些

　　　　指导意见？

目 录

91   87. 中国在碳达峰碳中和支撑保障能力建设方面取得了哪些进展？

92   88. 中国在适应气候变化方面进展如何？

95   **临机应变——迈向未来篇**

96   **有关碳达峰碳中和顶层设计**

96   89. 实现碳达峰碳中和应坚持哪些基本原则？

97   90. 做好碳达峰碳中和工作的思路和目标是什么？

98   91. 如何科学把握碳达峰与碳中和的关系？

99   92. 地方围绕碳达峰碳中和方面做了哪些工作安排？

112   93. 企业围绕碳达峰碳中和有哪些行动部署？

114   94. 新型基础设施绿色高质量发展目标是什么？

114   95. 如何减少和避免"运动式"减碳？

116   96. 如何推进污染物与温室气体协同减排？

117   **加快推进能源系统低碳转型**

117   97. 能源系统低碳转型的基本思路是什么？

目 录

118	98. 新时代的能源安全新战略是什么？
119	99. 如何构建清洁低碳安全高效的现代能源体系？
120	100. 如何从能耗双控逐渐向碳排放双控过渡？
121	101. 如何进一步提升节能降碳增效水平？
121	102. 如何控制化石能源消费？
122	103. 如何大力发展可再生能源和新能源？
122	104. 如何深化能源体制机制改革？
123	105. 如何构建新一代电力系统（零碳电力系统）？
123	106. 如何加强数据中心绿色高质量发展？
124	**积极推动工业领域尽早达峰**
124	107. 工业领域碳达峰的基本思路是什么？
124	108. 如何推动钢铁行业碳达峰？
125	109. 如何推动有色金属行业碳达峰？
125	110. 如何推动建材行业碳达峰？
125	111. 如何推动石化化工行业碳达峰？
126	112. 如何加强工业固体废物处置？

目 录

126	**加快推动交通低碳发展进程**
126	113. 交通行业碳达峰碳中和的基本思路是什么?
127	114. 推动运输工具低碳转型的方式有哪些?
128	115. 如何构建绿色高效交通运输体系?
128	116. 如何建设绿色交通基础设施?
128	**加快推进城乡建设绿色低碳发展**
128	117. 城乡建设碳达峰碳中和的基本思路是什么?
129	118. 如何推进城乡建设绿色低碳转型?
129	119. 如何优化建筑用能结构?
130	120. 如何推进农村建设和用能低碳转型?
130	**积极推进生态系统固碳增汇行动**
130	121. 生态系统固碳增汇的基本思路是什么?
131	122. 如何巩固生态系统固碳作用?
131	123. 如何提升生态系统碳汇能力?
131	124. 农业领域"双碳"工作的总体思路是什么? 主要减排措施有哪些?

目 录

132　　**加快发展循环经济**

132　　　125. "双碳"形势下发展循环经济的基本思路是什么?

133　　　126. "双碳"形势下如何加强大宗固废综合利用?

133　　　127. "双碳"形势下如何推进产业园区循环化发展?

134　　　128. 如何提升农业固体废物综合利用水平?

134　　　129. 如何推进建筑垃圾综合利用?

135　　　130. 如何促进生活源固体废物减量化、资源化?

136　　　131. 如何强化危险废物监管和利用处置?

136　　**倡导低碳生活**

136　　　132. 绿色低碳全民行动的基本思路是什么?

137　　　133. 如何加强生态文明宣传教育?

137　　　134. 如何推广绿色低碳生活方式?

137　　　135. 如何引导企业履行社会责任?

138　　　136. 如何强化领导干部碳达峰碳中和培训?

138　　　137. 政府机关如何引领绿色低碳?

138　　　138. 公共机构如何践行绿色低碳?

目 录

139 | 139.商场企业如何推进绿色低碳？

139 | 140.社区如何推动绿色低碳？

140 | 141.公众如何做到绿色低碳出行？

140 | **强化保障措施**

140 | 142.如何推动各地区梯次有序碳达峰？

141 | 143.如何开展绿色低碳科技创新行动？

143 | 144.如何建立统一规范的碳排放统计核算体系？

143 | 145.如何健全相关法律法规标准？

144 | 146.有哪些经济政策需要完善？

144 | 147.如何建立健全市场化机制？

145 | 148.如何提升统计监测能力？

145 | 149.如何提高对外开放绿色低碳发展水平？

145 | 150.如何强化组织实施？

147 | **附录　习近平总书记关于碳达峰碳中和的重要论述**

157 | **后记**

风云变幻——科学认知篇

气候变化带给人类的挑战是现实的、严峻的、长远的。

——习近平

几个重要的名词解释

1. 什么是气候变化？

根据《联合国气候变化框架公约》的定义，气候变化是指经过相当一段时间的观察，在自然气候变化之外由人类活动直接或间接的改变大气组成所引起的气候改变。气候变化被认为是威胁世界环境、人类健康和全球经济的最危险的因素之一，成为最为热点的全球环境问题。减缓和适应气候变化，是应对气候变化挑战的两个有机组成部分。"减缓"通常是指为了减少大气中温室气体的排放水平，即为将气候变化的程度最小化所作出的能力；政府间气候变化专门委员会（IPCC）将"适应"定义为自然或人类系统为应对现实的或预期的气候刺激或其影响而在生态、社会或经济体系等方面所作出的调整。

2. 什么是温室效应？

温室效应是指透射阳光的密闭空间由于与外界缺乏热交换而形成的保温效应，就是太阳短波辐射可以透过大气射入地面，而地面增暖后放出的长波辐射却被大气中的二氧化碳等物质所吸收，从而产生大气变暖的效应。温室效应加剧主要是现代化工业社会燃烧过多煤炭、石油和天然气，这些燃料燃烧后放出大量的二氧化碳进入大气造成的。二氧化碳具有吸热和隔热的功能，在大气中增多的结果是形成一种无形的玻璃罩，使太阳辐射到地球上的热量无法向外层空间反射，其结果是地球表面变热起来。除二氧化碳外，《京都议定书》附件中还强调了五种温室气体，即甲烷（CH_4）、氧化亚氮（N_2O）、氢氟碳化物（HFC_S）、全氟化碳

（PFC$_S$）、六氟化硫（SF$_6$），这些气体被认定是导致全球气候变暖的"帮凶"。

3. 什么是化石能源?

化石能源是一种碳氢化合物或其衍生物，由古代生物的化石沉积而来，是不可再生能源。化石燃料所包含的天然资源有煤炭、石油和天然气。化石能源是全球消耗的最主要能源，但随着人类的不断开采，化石能源的枯竭是不可避免的，大部分化石能源21世纪将被开采殆尽。由于化石能源的使用过程中会新增大量二氧化碳，同时化石燃料在不完全燃烧后，会产生有污染的烟气，若排放到大气中会威胁全球生态和人体健康。

4. 什么是新能源?

新能源又称非常规能源，一般是指在新技术基础上加以开发利用的可再生能源，包括太阳能、生物质能、水能、风能、地热能、波浪能、洋流能和潮汐能，以及海洋表面与深层之间的热循环等；此外，还包括氢能、核能、沼气、酒精、甲醇等。人类历史进程中长期依赖的能源都是可再生能源，如薪柴、秸秆等属于生物质能源，另外还有水力、风力等；近代社会大规模开发利用的煤炭、石油、天然气等化石能源，对于人类来说一旦用完就无法恢复和再生。相对于传统能源，新能源普遍具有污染少、储量大的特点，对于解决环境污染问题和资源枯竭问题具有重要意义。

5. 什么是生态碳汇?

生态碳汇不仅包含过去人们所理解的碳汇，即通过植树造林、植被恢复等措施吸收大气中二氧化碳的过程，同时还增加了草原、湿地、海洋等生态系统对碳吸收的贡献，以及土壤、冻土对碳储存碳固定的维持，强调各类生态系统及其相互关联的整体对全球碳循环的平衡和维持作用。以森林、草原、湿地、红树林、海草等为主体的生物固碳措施，有助于不断提升生态碳汇能力，对于减缓全球气候变化具有重要作用。

6. 什么是碳达峰？

碳达峰指特定区域（或组织）年二氧化碳排放在一段时间内达到峰值，之后在一定范围内波动，然后进入平稳下降阶段。这里的二氧化碳排放主要指煤炭、石油、天然气等化石能源燃烧活动产生的二氧化碳排放。碳达峰是碳排放量由增转降的历史拐点，标志着经济发展由高能耗、高排放阶段向清洁低能耗模式的转变。碳排放达峰的目标包括达峰时间和峰值。

7. 什么是碳中和？

根据政府间气候变化专门委员会（IPCC）发布的《全球 1.5℃温升特别报告》，碳中和是指在规定时期内人为二氧化碳移除在全球范围抵消人为二氧化碳排放时，可实现二氧化碳净零排放。具体来说，碳中和是指企业、团体或个人测算在一定时间内直接或间接产生的温室气体排放总量，然后通过植物造树造林、节能减排等形式，抵消自身产生的二氧化碳排放量，实现二氧化碳"零排放"。

8. 什么是碳捕集、利用与封存（CCUS）？

碳捕集、利用与封存（Carbon Capture, Utilization and Storage，简称 CCUS），是碳捕获与封存（Carbon Capture and Storage，简称 CCS）技术新的发展趋势，是把生产过程中排放的二氧化碳进行提纯，继而投入到新的生产过程中进行循环再利用或封存。与 CCS 技术相比，CCUS 可以将二氧化碳资源化，能产生经济效益，更具有现实操作性，一直以来被认为是减少化石能源发电和工业过程中二氧化碳排放的关键技术。

9. 什么是碳交易?

碳交易是为促进全球温室气体减排,减少全球二氧化碳排放所采用的市场机制。碳交易是一种应对全球变暖气候危机的解决方案,以一定的法律和规则为约束和依据,给碳排放量定价,把它包装成一种资产或者说"商品",建立相应的市场进行交易买进卖出,以此来控制碳排放,促进温室气体(主要是二氧化碳)排减。《京都议定书》首次提出把市场机制作为解决以二氧化碳为代表的温室气体减排问题的新路径,即把二氧化碳排放权作为一种商品,从而形成了二氧化碳排放权的交易,简称碳交易。简而言之,碳交易就是企业间通过一定机制买卖二氧化碳排放权的交易行为。

10. 什么是碳金融?

碳金融又称碳融资和碳物质的买卖,是指由《京都议定书》而兴起的低碳经济投融资活动,即服务于限制温室气体排放等技术和项目的直接投融资、碳权交易和银行贷款等金融活动,是绿色金融的重要组成部分。碳金融的兴起源于国际气候政策的变化以及两个具有重大意义的国际公约——《联合国气候变化框架公约》和《京都议定书》。现阶段,碳金融也是化解绿色金融挑战,即对环境成本进行量化和风险定价的重要突破口。

气候变化及其影响的观测事实

11. 近百年来全球气候发生了怎样的变化?

根据世界气象组织(WMO)发布的《2020年全球气候状况》报告,全球气候系统的变暖趋势进一步持续:2020年是有记录以来三个最暖年份之一，2020年全球平均温度比工业化前水平高出了1.2℃，大气二氧化碳浓度已超过410ppm（根据科学界预测，大气二氧化碳浓度如果保持在350ppm左右，则全球升温幅度会保持在1℃左右；如果保持在450ppm以下，则有50%的机会将全球平均气温稳定在比工业化前增加2℃的水平）。在全球气候变化的大背景下，近百年来，中国也出现了显著的气候变暖，但气候变化的区域差异明显，青藏地区暖湿化特征显著。

根据政府间气候变化专门委员会（IPCC）第六次评估报告第一工作组报告《气候变化2021：自然科学基础》，自1850年至1900年以来，人类活动产生的温室气体排放导致了大约1.1℃的全球变暖，并证实1750年左右以来，温室气体浓度的增加主要是由人类活动造成的，人类活动的影响使大气、海洋、冰冻圈和生物圈发生了广泛而迅速的变化；至少在过去的2000年中，全球地表温度自1970年以来的上升速度比任何其他50年期间都要快。同时，气候变化的许多特征直接取决于全球升温的水平，但人们所经历的情况往往与全球平均有很大不同。例如，陆地升温幅度大于全球平均水平，而北极地区则是其两倍以上。每个地区都面临着越来越多的变化，气候变化正在给不同地区带来多种不同的组合性变化，而这些变化都将随着进一步升温而增加，包括干、湿、风、雪、冰的变化。

12. 观测到的气候变化影响有哪些？

观测到的气候变化主要由人类活动导致的排放所驱动，同时部分温室气体导致的全球升温被气溶胶产生的冷却效应所掩盖。主要影响和危害体现在如下方面：一是加剧极端天气气候灾害。全球增温可能造成频繁的天气、气候灾害，加剧暴雨洪涝、大范围干旱、荒漠化、持续高温等严重灾害。2021年，印度经历了50年来的最强降雨，持续暴雨引发了洪水、山体滑坡和泥石流等

一系列灾害，造成印度西部马哈拉施特拉邦至少 138 人死亡，9
万人被迫转移；西欧多地也突发暴雨，继而引发洪水、泥石流等
次生灾害，淹没大片房屋、街道；南欧遭遇极端热浪袭击，希腊
和土耳其一些地区的气温超过 46℃，突破当地历史极值，引发
毁灭性火灾；西伯利亚六七月份地表持续高温，野火形成的烟羽
已经开始影响阿拉斯加国际日期变更线区域的空气质量。二是导
致海平面上升。全球变暖使海洋热膨胀和冰川融化，导致海平面
上升，部分地区容易遭受海水倒灌、排洪不畅，甚至被淹没，造
成土地盐渍化、海洋养殖受损等一系列灾难。三是影响农业和自
然生态系统。全球变暖将会引起温度带北移，降水分布也会随之
变化，因而导致农作物的生产布局和自然生态系统发生变化，也
可能使各地农作物和自然生态系统无法适应而遭受损害；极端天
气气候事件增多会加大农业生产的不稳定性，势必直接影响到农
业的可持续发展。四是北极冰盖和冻土层减退。北极地区的冰冻
土壤里，储存着世界上最大规模的有机碳，而随着地球气候不断
变暖，冻土消融，土壤中的微生物醒来并消化有机物质，从而将
碳转化为温室气体二氧化碳和甲烷，然后释放到大气中，导致气
候变暖加剧。阿拉斯加大学凯特·沃尔特·安东尼带领的国际团
队结合计算机模型和现场测量发现，北极永久冻土带消融并由此
造成的温室气体释放，可能会因一个鲜为人知的突然解冻过程而
加速；与逐渐解冻相比，突然解冻过程让冻土中储存的古碳释放
量增加 125%—190%。五是生物多样性锐减。根据世界自然基金
会（WWF）发布的《地球生命力报告 2020》，全球各地监测到的
"哺乳类、鸟类、两栖类、爬行类和鱼类的物种种群规模平均下降
68%（截至 2016 年）"。六是给人类健康带来危害。气候条件是限
制许多带菌动物分布的主要因素，而天气条件则影响着疾病暴发
的时间和严重程度，全球变暖使对气候变化敏感的传染性疾病如
疟疾和登革热的传播范围可能增加；气候变化的不稳定性特别是

极端气候事件会使人类死亡率、伤残率及传染病疾病率上升，并将产生广泛的心理影响。此外，气温上升及其伴随的冰川融化、海平面上升、海岸侵蚀、多发气象灾害等，对世界自然和文化遗产留存和保护也有显著危害。

13. 温室气体主要包括哪些气体？

在 1997 年《联合国气候变化框架公约》第三次缔约方大会中通过的《京都议定书》中，明确针对六种温室气体进行削减，包括二氧化碳（CO_2）、氧化亚氮（N_2O）、甲烷（CH_4）、氢氟氯碳化物（CFCs、HFCs、HCFCs）、全氟碳化物（PFCs）及六氟化硫（SF_6）。其中以后三类温室气体造成温室效应最强，但是从对全球升温的贡献百分比来看，二氧化碳由于空气中含量多，所占比例最大，约 55%。

14. 观测到的温室气体长期变化特征是什么？

根据政府间气候变化专门委员会（IPCC）第六次评估报告第一工作组报告《气候变化 2021：自然科学基础》，自 2012 年以来，全球大气主要温室气体浓度持续升高。截至 2017 年，全球大气二氧化碳（CO_2）、甲烷（CH_4）和氧化亚氮（N_2O）的浓度分别达到 402.2±2.8ppm（ppm 为摩尔比浓度 10^{-6}，即百万分之一）、1859±2ppb（ppb 为摩尔比浓度 10^{-9}，即十亿分之一）、329.9±0.1ppb，2016—2017 年大气二氧化碳浓度增幅约为 2.2ppm，相比 2015—2016 年明显降低（2016 年为 3.3ppm），2015—2016 年较高的二氧化碳增幅主要由厄尔尼诺现象导致的热带地区干旱及森林大火等引起。2017 年全球大气甲烷和氧化亚氮浓度也达到了新的高度，增幅分别达 7ppb 和 0.9ppb。

地面和卫星观测结果显示，中国大气温室气体浓度持续升高，且浓度一般高于全球或者北半球同期水平。例如位于中国青藏高原的青海瓦里关全球大气本底站观测结果显示，该站 2017 年大气二氧化碳浓度为 407.0±0.2ppm，观测的甲烷和氧化亚氮浓度分别为 1912±2ppb、330.3±0.1ppb，明显高于全球平均水平；可见瓦里关站大气二氧化碳浓度逐年稳定上升，月平均浓度变化特征与同处于北半球中纬度高海拔地区的美国夏威夷冒纳罗亚（Mauna Loa）全球本底站基本一致，很好地代表了北半球中纬度地区大气二氧化碳的平均状况，但是浓度整体明显偏高 1—2ppm。整体而言，中国经济较发达区域观测的大气二氧化碳浓度明显高于青海瓦里关站，也明显高于同纬度观测结果；从地面观测二氧化碳浓度增速来看，中国经济发达区域大气二氧化碳浓度增速明显高于北半球。另外，中国自主的碳卫星（Tan-Sat）遥感监测显示：2017 年全球和中国区域年平均二氧化碳浓度分别达 402.2±2.8ppm 和 405.0±3.0ppm，相比 2016 年，增长 2.2ppm 和 2.6ppm，与过去 8 年（2010—2017）的全球和中国区域年平均绝对增量（2.2ppm 和 2.4ppm）基本持平。

15. 控制甲烷等短期温室气体排放有哪些意义？

甲烷是全球第二大温室气体，主要来源于农业、废物处理、化石能源使用和开采中的人为排放。2021 年 5 月 6 日，气候与清洁空气联盟（CCAC）和联合国环境规划署（UNEP）联合发布题为《全球甲烷评估：减少甲烷排放的收益和成本》的报告。该报告指出，减少人为甲烷排放是迅速降低全球气候变暖最有效的低成本战略，到 2030 年至少减排 45%，才可能实现《巴黎协定》全球气候目标阈值。政府间气候变化专门委员会（IPCC）第六次评估报告第一工作组报告《气候变化 2021：自然科学基础》，将甲烷的全球变暖潜能值（GWP）从最初的 21 提升到 29，同时也强调快速、全面控制甲烷排放是短期内延缓气候变暖速率的有效手段，已引起国际社会的高度关注。长期以来，我国温室气体减排以二氧化碳为主。近年来，特别是碳中和目标提出后，包括甲烷在内的全经济领域温室气体减排被提上重要日程。我国"十四五"规划也提出，要加大甲烷、氢氟碳化物、全氟化碳等其他温室气体控制力度。作为全球最大的甲烷排放国，统筹谋划各领域甲烷减排措施，对我国实现碳中和目标以及提升全球气候治理话语权至关重要。

16. 未来全球气候变化的趋势是怎样的？

根据政府间气候变化专门委员会（IPCC）第六次评估报告第一工作组报告《气候变化2021：自然科学基础》，未来20年全球温升预计将达到或超过1.5℃。在最低温室气体排放情境下，本世纪末全球平均气温与1850—1900年间的水平相比，非常有可能升高1℃—1.8℃（最佳估算1.4℃）；在其他排放场景下，全球平均气温预计将在本世纪中叶突破1.5℃，并持续升高，最高升温幅度可能达到5.7℃。也就是说，除非迅速、持续和大规模地减少导致气候变化的温室气体（包括二氧化碳、甲烷等）的排放，否则《巴黎协定》所规定的将全球变暖限制在比工业化前水平高1.5℃以内的目标，将遥不可及。根据该报告预估结果，未来几十年里，所有地区的气候变化都将加剧。当全球升温1.5℃时，热浪将增加，暖季将延长，而冷季将缩短；当全球升温2℃，极端高温将更频繁地达到农业和健康的临界耐受阈值。

17. 未来可能的气候变化风险有哪些？

根据政府间气候变化专门委员会（IPCC）第六次评估报告第一工作组报告《气候变化2021：自然科学基础》，全球气候变化对自然生态系统和经济社会的影响正在加速。气候系统的许多更明显的变化与全球变暖加剧直接相关，全球变暖每增强一点，区域内平均气温、降水和土壤湿度的变化就更为显著。预计持续全球变暖将进一步加剧全球水循环，包括增加其波动、全球季风降水强度以及干旱和洪涝严重程度，并且全球所有地区都将经历多重气候影响驱动因素（包括冷热、干湿、雪冰、风、海岸和海洋、公海及其他）的变化。与 1.5℃温升相比，2℃温升时气候影响驱动因素的变化将更普遍和强烈，这样的温升及其带来的气候影响可能会造成诸如海洋持续变暖、海平面上升、冰冻圈风险加大以及洪水和干旱事件频发等系统性冲击。需要注意的是，随着二氧化碳累计排放量不断增加，海洋和陆地的碳汇作用会有所减弱，并且因过去及未来即将发生的温室气体排放而造成的许多变化在未来几个世纪到上千年内都不可逆转，特别是给海洋、冰川和海平面造成的变化。

18. 实现温升不超 1.5℃，需要在哪一年达到净零排放？

根据《巴黎协定》，各国同意将全球变暖控制在 2℃以下，最好控制在 1.5℃。最新的科学研究表明，要达到《巴黎协定》的温度目标，就必须在以下时间内实现净零排放：在将温升限制在 1.5℃的情况下，二氧化碳排放需要在 2044 年到 2052 年之间达到净零，温室气体总量排放必须在 2063 年到 2068 年之间达到净零，在此范围内提前达到净零可以避免超过 1.5℃的风险；在将温升限制在 2℃的情景中，二氧化碳排放需要在 2070 年（可能性为 66%）到 2085 年（可能性为 50%—66%）达到净零，温室气体总量排放必须在本世纪末或以后达到净零排放。

根据政府间气候变化专门委员会（IPCC）的研究发现，如果到 2040 年全球达到净零排放，那么将全球变暖限制在 1.5℃的可能性要高得多。排放量越早达到峰值，峰值点越低，实现净零排放就越现实，也将降低对本世纪后半叶减排的压力。当然，这并不意味着所有国家都需要同时达到净零排放。然而，将气候变暖限制在 1.5℃的可能性，在很大程度上取决于最高排放者多久达到净零排放。

19. 温室气体和污染物具有怎样的协同效应？

2001 年，政府间气候变化专门委员会（IPCC）第三次评估报告给出了协同效应（co-benefits）的定义，"协同效应是指由于各种原因而同时实施的政策所带来的效益，它包括了气候变化的减缓，并且承认很多温室气体减缓政策也有其他甚至同等重要的目标，如空气污染物的减少"，并将协同效应的概念和在 IPCC 第二次评估报告中出现的副效应（ancillary benefits）进行了区分，即协同效应是指在政策设计中被明确提及的目标，而副效应是指随着主要政策附加出现的一些其他效应。

随后的 IPCC 第四次评估报告和 IPCC 第五次评估报告对温室气体和空气污染物的协同治理政策进行了更深入的探讨。IPCC 第四次报告进一步指出协同效应的概念通常也指"无后悔"政策，这是由于很多项目和行业的减排成本研究已经识别出了温室气体减排政策具有潜在的负成本，即实施这些政策所带来的协同效益会大于其实施成本，因而这些具有负成本的减排政策通常被称为"无后悔"政策。相关研究显示，温室气体减排政策所带来的空气污染减缓协同效应不仅可以改善人体健康状况，而且也会对农业生产和自然生态系统产生影响，这种近期可见的效益为"无后悔"温室气体减排政策的实施奠定了基础。IPCC 第五次评估报告将协同效应区分为积极的协同效应和消极的协同效应，同时探索了温室气体减排路径的技术、经济和制度需求以及相关的潜在积极协同效应或不利的副作用。2018 年发布的《IPCC 全球升温1.5℃特别报告》则将协同效应的概念进一步聚焦在积极影响上："协同效应是指实现某一目标的政策或措施对其他目标可能产生的积极影响，从而增加社会或环境的总效益"。协同效应的评估往往会受到诸多不确定性因素的影响，并取决于当地具体的外部环境和政策实施条件。

20. IPCC 第六次评估报告还有哪些新的发现？

2021 年 8 月 9 日，IPCC 第六次评估报告第一工作组报告还特别强调了甲烷减排的重要性，并首次阐述了甲烷控排对减缓升温的作用以及与空气质量改善的关系。一方面，甲烷减排可以减缓气溶胶下降带来的升温效应。评估报告指出："将人类引起的全球变暖限制在特定水平需要限制累积二氧化碳排放量，这需要二氧化碳至少达到净零排放，同时大幅减少其他温室气体排放。大幅、快速和持续减少甲烷排放将限制气溶胶污染减少所造成的升温效应，并有助于改善空气质量。"在五种减排情景中，将空气污染控制和大力度、持续性的甲烷排放减少相结合情景的净升温会低很多。同时，甲烷排放的减少会通过减少近地面臭氧来提升空气质量。另一方面，甲烷控制可以在世纪末减少 $0.5℃$。评估报告指出，"在所有减排情景下，全球地表温度在本世纪中叶前都将持续升高。除非对二氧化碳和其他温室气体开展深度减排，在 21 世纪全球 $1.5℃$ 和 $2℃$ 温升目标将会被超过"。

关于碳达峰碳中和的认知误区

21. 如何理解"碳中和是发达国家设置的生态陷阱"？

世界气象组织发布的报告显示，2020 年全球平均气温约为 $14.9℃$，比工业化前（1850—1900 年）高出了大约 $1.2℃$。全球变暖加剧了地球气候系统的不稳定性，"几十年一遇""百年一遇"的极端气候事件越来越常见，而人类生产生活中超量排放的二氧化碳，是地球变暖的"始作俑者"。有传言称"碳中和是发达国家为了限制中国发展而设置的生态陷阱"，因为"中国要发展，碳排放是必不可少的""设定碳达峰和碳中和目标，就是想阻滞中国经济的快速发展"。这一说法毫无疑问是片面和错误的。应对全球气候变化，任何国家都不可能置身事外，每一个国家都应当承担二氧化碳减排责任。中国作为负责任大国，作出碳达峰、碳中和目标承诺，是经过深思熟虑作出的重大战略决策，既是我国构建人类命运共同体理念的体现，也是推动绿色低碳经济发展、建设美丽中国的内在要求。

22. 如何理解"碳达峰、碳中和目标是针对全领域温室气体的排放"？

2020 年，中国正式宣布力争 2030 年前实现碳达峰，2060 年前实现碳中和。2030 年碳达峰是二氧化碳的达峰，2060 年前要实现碳中和包括全经济领域温室气体的排放，不只是二氧化碳，还有甲烷、氢氟化碳等非二氧化碳温室气体，包括从二氧化碳到全部温室气体。我国宣布 2030 年前碳达峰目标是根据《巴黎协定》有关规定，对 2015 年提出自主贡献目标的一次更新和强化，而且主要指能源活动产生的二氧化碳，不包括其他非二氧化碳。对于 2060 年前要实现碳中和，根据《巴黎协定》，各国需提交关于本世纪中叶长期温室气体低排放发展战略规定和更具雄心的长期目标，我国 2060 年前要实现碳中和包括全经济领域温室气体的排放，这跟 2030 年目标还是有所区分的。

23. 如何理解"可再生能源完全可以取代火电实现碳中和"？

2020 年，我国可再生能源发电量达到 2.2 万亿千瓦时，占全社会用电量的比重达到 29.5%。其中，水电 3.7 亿千瓦、风电 2.8 亿千瓦、光伏发电 2.5 亿千瓦、生物质发电 2952 万千瓦，分别连续 16 年、11 年、6 年和 3 年稳居全球首位。但是，我国可再生能源每年发电小时数因地而异，其中，光伏发电每年发电小时数在1300小时到2000小时之间不等，平均在1700小时左右；风能每年发电的时间比太阳能略微长一点，在2000小时左右。风电、光伏发电等可再生能源是比火电便宜，但最大的问题是非稳定供电，大力推动可再生能源发电，就必然依靠储能来配合，以避免大量"弃风""弃光"现象。近年来，我国可再生能源发展取得了长足进步，但其发电占比仍不到火电的一半。也就是说，在储电成本仍然很高的当下以及未来一段时间内，可再生能源发电仍然无法全部取代火电。

24. 如何理解"可以通过把二氧化碳转化成化学品解决其去向问题"？

有些人提出可以把二氧化碳转化成各种各样的化学品，比如保鲜膜、化妆品等，认为这样可以达到减碳的目的。实际情况是，全世界只有大约13%的石油生产了我们所有的石化产品，剩下的大约87%的石油都是被烧掉的。如果把全世界的化学品都用二氧化碳来转化，也只能解决13%的碳中和问题。所以，从规模上看，把二氧化碳制成化学品并不具备较高的减碳价值。例如，一个三口之家一年平均排放二氧化碳22吨，但无论什么产品一个家庭一年也消耗不了20多吨。所以说，把二氧化碳转化为其他化学品对减碳的贡献是相当有限的。

25. 如何理解"可以通过大量捕集和利用二氧化碳实现碳中和目标"？

有观点认为，利用碳捕集、利用与封存（CCUS）技术大量捕集和利用二氧化碳，把生产过程排放的二氧化碳进行捕获提纯，再投入到新的生产过程中进行循环再利用或封存，就可以减少碳排放。二氧化碳的大规模捕集在理论上是能够实现的，但是碳中和不光是一个技术问题，更是经济和社会平衡发展的综合性问题。

现在在电厂把二氧化碳分离，分离完以后打到地下可以做驱油和埋藏。可以驱油的地方可以实施，还会产生经济效益，如我国新疆等地已经有类似的二氧化碳驱油工程。分离是核心，其成本也是最大。假设打下去的成本为30美元一吨，其中20美元是把二氧化碳从整个尾气里面分离出来成为纯二氧化碳，5美元是输送，另外5美元是把二氧化碳压缩到地底下。而且，驱油这个阶段不是完全埋藏，是一部分二氧化碳进到地里，还有一部分会跟着油出来。当前技术手段下，利用CCUS技术处理的成本很高，作用也很有限，当然这也可能是实现碳中和目标的保底技术。

26. 如何理解"可以通过提高能效实现碳达峰、碳中和目标"？

有观点认为，通过提高能效可以显著降低工业流程和产品使用中的碳排放，进而可以实现碳达峰、碳中和目标。从能源数据变化来看，我国加入WTO之前煤炭产量大概是12亿吨，基本上自产自销，出口有一点，但很少；到2012年短短12年时间，煤炭产量从12亿吨飙升到36亿吨，其中也伴随着碳排放。一定程度上，煤炭耗量表示电的耗量，电的耗量表示工业化的程度。加入WTO后，我国能效提高了很多，截至2020年底，我国能效标识备案生产企业2.3万多家、产品型号223万多个，其中达到能效二级以上的节能产品占比78%。但是，单凭能效难以解决碳达峰碳中和的问题。因此，提高能效是碳减排的重要手段，但如果仍然高度依赖化石能源，提高能效对实现碳中和的贡献就非常有限。提高能效确实是成本最低的碳减排方式，也是最应该优先做的，但是有一个现实的考量就是，通过进一步提高能效难以保障实现碳达峰、碳中和目标。

27. 如何理解"使用电动车有助于大幅降低二氧化碳排放"？

我国是世界上最大的石油进口国，对进口石油的依赖程度达到70%，寄望于多余的发电能力来发展电动车是有好处的。因为电厂正常一年 8760 小时，但我们实际使用不到 4000 小时，这是资产的巨大浪费；而且，电动车可以让局部的污染降下来，比如东部地区的用电很多是在西部新疆等地发的，污染在西部新疆等地排放，不在东部地区排放。但是，从全生命周期看来，二氧化碳排放并没有实现下降。只有我国的能源结构彻底改变以后，电动车才能算得上清洁能源，也才有可能实现碳中和。如果能源结构不改变，煤电还是占据绝对性地位，那电动车的盲目扩张是在变相增加碳排放，而不是减少碳排放，即只有能源结构和电网里大部分是可再生能源构成的时候，电动车才能算得上清洁能源。

28. 如何理解"陆地生态系统具有碳汇功能，所以都是碳汇"？

陆地生态系统是自然界碳循环的主要部分。碳循环主要通过光合作用、呼吸作用、生物质燃烧和腐烂以及土壤和其他有机物的分解等过程进行，并通过碳汇和碳排放活动完成。按照《联合国气候变化框架公约》及相关议定书的定义，碳汇是指从大气中清除二氧化碳的过程、活动和机制，碳排放是指向大气中排放二氧化碳的过程、活动和机制。森林、草原、湿地是陆地生态系统的主要组成部分。生物量、枯落物和土壤固定了碳而成为碳汇，生态系统中微生物、动物、土壤等的呼吸、分解则释放碳到大气中成为碳源。在中央财经委员会第九次会议提出生态系统碳汇后，国内专家对生态系统碳汇进行了定义，即"生态碳汇是对传统碳汇概念的拓展和创新，不仅包含过去人们所理解的碳汇，即通过植树造林、植被恢复等措施吸收大气中二氧化碳的过程，同时还增加了草原、湿地、海洋等生态系统对碳吸收的贡献，以及土壤、冻土对碳储存、碳固定的维持，强调各类生态系统及其相互关联的整体对全球碳循环的平衡和维持作用"[1]。但是，陆地生态系统

---

[1] 张守攻：《提升生态碳汇能力》，《人民日报》2021 年 6 月 10 日。

既是碳源，也是碳汇，收支相抵后，净吸收 68 亿 t /a[①]。影响陆地碳汇形成的机制可以分成两大类：第一类是影响光合、呼吸、生长以及腐烂分解速率的生理代谢机制，包括大气二氧化碳浓度增加、有效营养增加、气温和降雨的变化以及能够增加森林生长速率的任何生态机制，这些机制通常受人类活动的间接影响；第二类是干扰和恢复机制，包括自然干扰和土地利用变化和管理的直接影响。

29. 如何理解"绿色金融服务碳达峰和碳中和的时机还未到"？

实现碳达峰碳中和，是以习近平同志为核心的党中央统筹"两个大局"作出的重大战略决策，是我国在新发展阶段推动高质量发展的必由之路，同时也为绿色金融发展开辟了广阔空间、提出了更高要求。从时间进度看，根据我国碳达峰碳中和路线图，从碳达峰到碳中和的过渡期只有 30 年，远低于发达国家平均 40—60 年的过渡期，并且距 2030 年实现碳达峰不到 10 年。从现实条件看，2020 年我国能源消费总量世界第一，占比超过全球总量的 1/4，能源消费产生的二氧化碳排放占总排放量的 88% 左右，能源消费中有一半以上来源于煤炭。此外，我国仍处于城镇化、工业化快速发展阶段，如何平衡好实现"双碳"目标与保持经济中高速增长之间的关系也是一大挑战，近期多个省市"限电"也反映了这一矛盾。长远来看，实现碳达峰碳中和，必须从供给侧和需求侧两端同时发力，在能源结构、制造业结构、消费结构等方面进行一场广泛而深刻的绿色变革，这必然要求金融在引导要素配置结构优化方面发挥更大作用。据不同机构测算，为实现碳达峰碳中和，相关领域资金投入可能高达 150 万亿—300 万亿元。同时，2021 年全国碳市场启动线上交易，也

---

① 王国胜，孙涛，昝国盛，王棒，孔祥吉：《陆地生态系统碳汇在实现"双碳"目标中的作用和建议》，《中国地质调查》2021 年第 4 期。

为金融机构开展配套碳金融服务开辟了广阔空间。①

30. 实现碳达峰碳中和还有哪些认识误区？

碳达峰碳中和将影响经济社会发展。有人认为，为实现碳中和目标进行的能源和产业结构调整，将使大量行业停滞、萎缩、退出，导致大量失业，因此会严重影响经济社会发展。这一误区是没有认识到碳达峰碳中和是一个过程，不适应新发展需求的行业和技术的确会受到影响，但将在这个过程中有序退出，有一定的缓冲时间，而不是一下子全部消减。同时，碳中和倒逼产业升级、促进绿色创新，将造就一批新兴产业，促进新的就业。并且，在碳中和实现过程中越早发力、越早转型，越能够形成新的经济增长点，越能够有力地促进经济社会发展。

碳达峰碳中和意味着叫停所有高碳行业。有人认为，碳达峰碳中和是完全抛弃传统发展模式，需要立即叫停所有高碳行业特别是重化工业。这一误区是没有认识到高碳低碳的相对性以及经济体系的系统完整性。首先，淘汰高碳排放的重化工业，并不是淘汰重化工业，而是淘汰其中高耗能、高碳排放的落后产能，实现重化工业的全面绿色转型。重化工业的高能耗高排放是相对于其他行业而言的，对经济发展而言，在工业化进程未完全结束前，都需要有一定的重化工业为发展提供基础，尤其是发展中国家和经济水平较低的地区，一定量的高碳能源和行业对推进工业化进程和维持经济社会发展是必须的。即使在工业化进程彻底完成之后，一个完整健全的经济体系中仍不可避免要保留一部分能耗和排放相对较高的行业，但相对于转型前的能耗和碳排放将会是显著降低的。

碳达峰碳中和将为所有低碳行业和技术带来机遇。有人认为，

---

① 杨书剑：《对于绿色金融服务碳达峰碳中和的几点思考》，《银行家》2021年10月18日。

碳达峰碳中和为所有低碳行业和技术开创了市场空间，只要进入相关领域，就是抓住了发展机遇，就有发展前景。这一误区是低估了低碳绿色转型的难度和风险，低碳产品、技术、模式等都需要接受成本—效益的检验、接受市场竞争的洗礼，都存在风险，不是所有行业和技术都有生存和发展机会。

临危制变——全球进程篇

气候变化是全球性挑战，任何一国
都无法置身事外。

——习近平

气候变化国际谈判进程

31. 全球气候治理进程是在什么背景下开启的?

1896 年, 瑞典科学家斯万特·阿尔赫尼斯 (Svante Ahrrenius) 警告说, 二氧化碳排放量可能会导致全球变暖。然而, 直到 20 世纪 70 年代, 随着科学家们逐渐深入了解地球大气系统, 气候变化问题才引起了大众的广泛关注。20 世纪 80 年代末 90 年代初, 为了响应越来越多的科学认识, 这期间举行了一系列以气候变化为重点的政府间会议。1988 年, 为了让决策者和一般公众更好地理解这些科研成果, 联合国环境规划署 (UNEP) 和世界气象组织 (WMO), 成立了政府间气候变化专门委员会 (IPCC)。1990 年, IPCC 发布了第一份评估报告。经过数百名顶尖科学家和专家的评议, 该报告确定了气候变化的科学依据, 它对政策制定者和广大公众都产生了深远的影响, 也影响了后续的气候变化公约的谈判。1990 年, 第二次世界气候大会由 137 个国家加上欧洲共同体进行部长级谈判, 呼吁建立一个气候变化框架条约, 确定了气候变化是人类共同关注的公平原则, 不同发展水平国家"共同但有区别的责任"、可持续发展和预防原则, 为以后的气候变化公约奠定了基础。1990 年 12 月, 联合国常委会批准了气候变化公约的谈判。气候变化框架公约政府间谈判委员会 (INC/FCCC) 在 1991 年 2 月至 1992 年 5 月期间进行了 5 次会议。1992 年 6 月 4 日,《联合国气候变化框架公约》(United Nations Framework Convention on Climate Change, UNFCCC) 在巴西里约热内卢举行的联合国环境与发展大会 (地球首脑会议) 上通过, 成为世界上第一个为全面控制二氧化碳等温室气体排放, 以应对全球气候变暖给人类经济和社会带来不利影响的国际公约，也是在应对全球气候变化问题上进行国际合作的一个基本框架。该公约于 1994 年 3 月 21 日正式生效。截至 2016 年 6 月，公约已拥有 197 个缔约方。

32.《联合国气候变化框架公约》的主要内容是什么？

《联合国气候变化框架公约》（以下简称《公约》）由序言及 26 条正文组成，具有法律约束力。《公约》核心内容有 4 个方面：一是确立应对气候变化的最终目标。《公约》第 2 条规定，"本公约以及缔约方会议可能通过的任何法律文书的最终目标是：将大气温室气体的浓度稳定在防止气候系统受到危险的人为干扰的水平上，此安全水平足以使生态系统能够自然地适应气候变化、确保粮食生产免受威胁并使经济发展能够在较长时间范围内可持续地进行"。二是确立国际合作应对气候变化的 5 个基本原则：（1）"共同而区别"的原则，要求发达国家应率先采取措施，应对气候变化；（2）要考虑发展中国家的具体需要和国情；（3）各缔约方应当采取必要措施，预测、防止和减少引起气候变化的因素；（4）尊重各缔约方的可持续发展权；（5）加强国际合作，应对气候变化的措施不能成为国际贸易的壁垒。三是明确发达国家应承担率先减排和向发展中国家提供资金技术支持的义务。《公约》附件一国家缔约方（发达国家和经济转型国家）应率先减排，附件二国家（发达国家）应向发展中国家提供资金和技术，帮助发展中国家应对气候变化。四是承认发展中国家有消除贫困、发展经济的优先需要。《公约》承认发展中国家的人均排放仍相对较低，因此在全球排放中所占的份额将增加，经济和社会发展以及消除贫困是发展中国家首要和压倒一切的优先任务。

33. 气候变化国际谈判主要经历了哪几个阶段？

1992 年在巴西里约热内卢达成《联合国气候变化框架公约》以来，国际社会围绕细化和执行该公约开展了持续谈判，大体可以分为1995—2005年、2007—2010年、2011—2015年、2015年以后几个阶段，签署了《京都议定书》《坎昆协议》《巴黎协定》等。

1995—2005年，是《京都议定书》谈判、签署、生效阶段。《京都议定书》是《公约》通过后的第一个阶段性执行协议。由于《公约》只是约定了全球合作行动的总体目标和原则，并未设定全球和各国不同阶段的具体行动目标，因此1995年缔约方大会授权开展《京都议定书》谈判，明确阶段性的全球减排目标以及各国承担的任务和国际合作模式。《京都议定书》作为《公约》第一个执行协议，从谈判到生效时间较长，历经美国签约、退约，俄罗斯等国在排放配额上高要价等波折，最终于2005年正式生效，首次明确了2008—2012年《公约》下各方承担的阶段性减排任务和目标。《京都议定书》将附件Ⅰ国家区分为发达国家和经济转轨国家，由此产生发达国家、发展中国家和经济接轨国家三大阵营。

2007—2010年，谈判确立了2013—2020年国际气候制度。2007年印度尼西亚巴厘气候大会上通过了《巴厘路线图》，开启了后《京都议定书》国际气候制度谈判进程，覆盖执行期为2013—2020年。根据《巴厘路线图》授权，缔约方大会应在2009年结束谈判，但当年大会未能全体通过《哥本哈根协议》，而是在2010年坎昆大会上，将《哥本哈根协议》主要共识写入2010年大会通过的《坎昆协议》中。其后两年，通过缔约方大会"决定"的形式，逐步明确各方减排责任和行动目标，从而确立了2012年后国际气候制度。《哥本哈根协议》《坎昆协议》等不再区分附件Ⅰ和非附件Ⅰ国家，并且由于欧盟的东扩，经济转轨国家的界定也基本取消。

2011—2015年，谈判达成《巴黎协定》，基本确立2020年后国际气候制度。2011年南非德班缔约方大会授权开启"2020年后国家气候制度"的"德班平台"谈判进程。根据奥巴马政府在《哥本哈根协议》谈判中确立的"自上而下"的行动逻辑，2015 年《巴黎协定》不再强调区分南北国家，法律表述为一致的"国际自主决定的贡献"，仅能通过贡献值差异看出国家间自我定位差异，形成多国家共同行动的全球气候治理范式。

2016 年至今，主要就细化和落实《巴黎协定》的具体规则开展谈判。其间，国际气候治理进程再次经历美国、巴西等政府换届产生的负面影响，艰难前行。2018 年波兰卡托维兹缔约方大会就《巴黎协定》关于自主贡献、减缓、适应、资金、技术、能力建设、透明度全球盘点等内容涉及的机制、规则达成基本共识，并对落实《巴黎协定》、加强全球应对气候变化的行动力度做出进一步安排。

34.《京都议定书》中明确的全球减排目标是什么？

《京都议定书》是 1997 年 12 月在日本京都由联合国气候变化框架公约参加国三次会议制定的，其签署目标是"将大气中的温室气体含量稳定在一个适当的水平，进而防止剧烈的气候改变对人类造成伤害"。该议定书对碳减排实行"双轨制"，即发达国家从 2005 年开始承担减少碳排放量的义务，而发展中国家则从 2012 年开始承担减排义务。规定工业化国家将在 2008 年到 2012 年间，使他们的全部温室气体排放量比 1990 年减少 5%。明确限排的温室气体包括二氧化碳（CO_2）、甲烷（CH_4）、氧化亚氮（N_2O）、氢氟碳化物（HFCs）、全氟化碳（PFCs）、六氟化硫（SF_6）六种。为达到温室气体限排目标，各参与公约的工业化国家都被分配到了一定数量的减少排放温室气体的配额，如欧盟分配到的减排配额大约是 8%。中国于 1998 年 5 月签署并于 2002 年 8 月核准了该议定书。

35.《巴黎协定》有哪些重要意义？

《巴黎协定》涵盖长期目标、减排目标、资金援助、透明度审查、损失评估等多项内容。根据协定，各缔约国要把全球平均气温上升幅度控制在 2℃ 以内，并在此基础上再作出升幅小于 1.5℃ 的努力。各缔约国同意"尽可能快地"限制温室气体的排放，以期在 21 世纪下半叶，人为排放的温室气体能自然地被森林和海洋所吸收。各缔约国所取得的相关进展，每 5 年要得到一次审查。此外，协定敦促缔约国中的发达国家继续为欠发达国家提供资金支持，到 2020 年，这些国家每年要提供总额为 1000 亿美元的援助款，协助后者减排或适应气候变化。

《巴黎协定》的达成，得到国际社会的普遍认可与欢迎。时任美国总统奥巴马曾在白宫发表讲话，盛赞"该协定代表我们拯救地球的最好机会"，是"世界的转折点"，为削减全球温室气体的排放设定了"宏伟目标"。美国媒体认为，《巴黎协定》的促成也是奥巴马在总统任期内所取得的一项"里程碑式的成就"。时任英国首相卡梅伦表示，该协定"为全球的未来迈进了一大步"。时任德国总理默克尔认为，该协定是国际社会在历史上首次达成共识、同心协力应对气候变化问题。中国外交部发言人表示，《巴黎协定》确立了 2020 年后以国家自主贡献为主体的国际应对气候变化机制安排，重申了《联合国气候变化框架公约》确立的共同但有区别的责任原则，平衡反映了各方关切，是一份全面、均衡、有力度的协定。

36. 什么是国家自主贡献？

国家自主贡献（INDC）是在 2013 年华沙气候变化大会上提出的"自下而上"减排承诺机制。与《京都议定书》"自上而下"的"强制减排"模式不同，INDC 是根据《联合国气候变化框架公约》缔约方会议有关决议的要求，由各国自主提出应对气候变化的行动目标。2014 年的利马气候变化大会明确了 INDC 原则，并对其所需基本信息提出了要求。在后《京都议定书》时代，"自上而下"的"强制减排"模式受到了更多重视，在 2013 年华沙气候变化大会上提出的国家自主贡献这种"自下而上"的减排承诺机制日益成为应对气候变化的更有发展前景的制度^①。

温室气体减排承诺是 INDC 文件的核心内容，而减排承诺形式多样是自主贡献机制的一个重要特征。各国的减排承诺表现形式主要包括相对于基年的绝对量减排、相对于基准情景（Business As Usual，BAU）的绝对量减排、强度减排和排放峰值年四种方式，其中欧盟、美国、俄罗斯、加拿大、日本、澳大利亚等主要发达国家和巴西都采用了固定基年绝对量减排目标的形式，墨西哥、加蓬、摩洛哥、埃塞俄比亚、肯尼亚、吉布提、安道尔、韩国、阿尔及利亚、刚果采用了相对基准情景绝对减排的形式，中国、新加坡和墨西哥则采用了碳强度减排的目标形式。此外，一些缔约方还承诺了峰值年目标，如墨西哥承诺将于 2026 年底前使碳排放量达到峰值，中国和新加坡则提出将在 2030 年左右排放达峰。

37.《联合国气候变化框架公约》第 26 次缔约方大会取得了哪些成果？

2021 年 11 月 13 日，在经历了为期 13 天的谈判后，《联合国气候变化框架公约》第 26 次缔约方大会于英国格拉斯哥落下帷幕。会议最后时刻，近 200 个缔约方最终达成了《格拉斯哥气候协议》，明确将进一步减少温室气体排放，以将平均气温上升控制在 1.5℃以内，从而避免气候变化带来的灾难性后果。期间，全球超过百位领袖于 11 月 1 日共同达成《格拉斯哥领导人森林和土地

---

① 冯相昭，刘哲，田春秀，王敏：《从国家自主贡献承诺看全球气候治理体系的变化》，《世界环境》2015 年第 6 期。

利用宣言》，承诺将在 2030 年前终止森林滥伐与土地流失等问题，并将筹集近 140 亿英镑资金用于保护森林；105 个国家签署"全球甲烷承诺"，宣布未来十年将减少 30% 的甲烷排放，以减缓气候危机；发达国家提出在 2023 年兑现每年提供 1000 亿美元气候资金的承诺，并承诺翻倍气候适应资金；超过 35 个国家的领导人支持并签署了《格拉斯哥突破议程》，同意优先针对钢铁、道路运输、农业、氢能和电力五大行业，协调和制定全球标准和政策，促进产能上升、价格下降，力争在 2030 年前让可再生能源成为可负担、易获取和具有吸引力的选择；"2050 年实现净零排放"成为全球共识，各国政府与行业着手规划未来十年即以 2030 年为目标的诸多减排工作，如中美两国发表强化气候行动的联合宣言，共同承诺将在 21 世纪 20 年代的十年间加速气候行动，在多边进程中开展合作应对气候危机。此外，还值得注意的是，还提及了控制化石能源的关键内容，这也是联合国的气候协议中首次提及化石燃料；但由于印度等国家在最后时刻的坚持，协议中"逐步淘汰"被修改为"逐步减少"，导致大会本身在这一关键议题上的成果有所减弱。

38. IPCC 评估报告是如何推动气候变化国际谈判的？

IPCC 定期为《联合国气候变化框架公约》和各国决策者提供全球气候变化自然科学进展，气候变化影响、适应与脆弱性，以及减缓气候变化的政策选择等内容的科学评估报告。评估报告结论为国际气候变化谈判和各国政府制定应对气候变化政策提供了科学依据。IPCC 历次发布的气候变化评估报告都成为国际社会应对气候变化的权威文件，推动了国际社会应对气候变化行动的进程。IPCC 于 1990 年发布的第一次评估报告，阐明了气候变化问题的科学基础，促进了政府间对话，推动了 1992 年《联合国气候变化框架公约》的签署和生效；1995 年发布的第二次评估报告推动了 1997 年《京都议定书》的通过；2001 年发布的第三次评估报告促使《联合国气候变化框架公约》谈判确立适应和减缓气候变化两个议题；2007 年发布的第四次评估报告推动了"巴厘路线图"的诞生；2014 年发布的第五次评估报告推动了《巴黎协定》的签订；2021 年发布的第六次评估报告推动了《格拉斯哥气候协议》的最终达成。

气候变化国际履约进展

39. 全球温室气体排放现状是怎样的?

根据荷兰环境评估署（PBL）2020 年发布的数据（见图 1），自 2010 年以来，全球温室气体排放总量平均每年增长 1.4%。2019 年创下历史新高，不包括土地利用变化的排放总量达到 524 亿吨二氧化碳当量，分别比 2000 年和 1990 年高出 44% 和 59%，全球

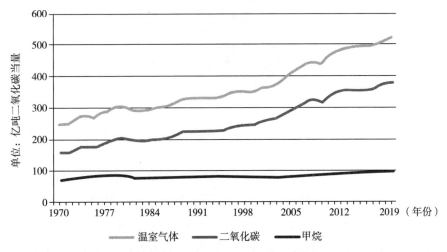

图 1　全球温室气体排放总量及主要温室气体排放量（1970—2019 年）
注：温室气体排放总量不包括土地利用变化排放。

人均温室气体排放量达到 6.8 吨二氧化碳总量；若包括土地利用变化排放的 55 亿吨二氧化碳当量，全球总排放量高达 591 亿吨。从不同温室气体种类排放量占比看，2010—2019 年，化石燃料和水泥生产等工业过程排放二氧化碳，占全球温室气体排放总量的 72.6%，是温室气体的主要来源；甲烷（CH_4）和氧化亚氮（N_2O）的排放占比分别约是 19.0% 和 5.5%，还有 2.9% 的排放来源于氢氟碳化物（HFCs）、全氟化碳（PECs）、六氟化硫（SF_6）等含氟气体。

根据国际能源署（IEA）化石燃料燃烧的二氧化碳排放数据，2019 年来自煤炭、石油和天然气的碳排放分别占 43.8%、34.6% 和 21.6%，同样热值的煤炭燃烧排放的二氧化碳约是天然气的两倍。从部门分布看，电力和供热、交通运输、工业是全球二氧化碳排放量最大的部门，三者合计占 85% 左右（见图 2）。

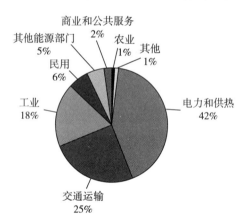

图 2 全球二氧化碳排放的部门分布（2019 年）

根据联合国环境规划署（UNEP）发布的《排放差距报告 2020》，2010—2019 年，前六大温室气体排放国（地区）合计占全球温室气体排放总量（不包括土地利用变化）的 62.5%，其中中国占 26%，美国占 13%，欧盟 27 国和英国占 8.6%，印度占 6.6%，俄罗斯占 4.8%，日本占 2.8%。按人均排放量计算，2019 年全球人均排放约为 6.8 吨，美国高出世界平均水平 3 倍，而印度相比世界平均水平约低 60%。

40. 有哪些国家已经实现碳达峰？

联合国政府间气候变化专门委员会（IPCC）测算，若实现《巴黎协定》确定的 2℃温控目标，全球必须在 2050 年达到二氧化碳净零排放（又称"碳中和"），即企业或机构通过植树等方式抵消其碳排放量；在 2067 年达到温室气体净零排放，即除二氧化碳外，企业或机构通过植树等方式还应抵消其甲烷等温室气体排放量。目前，全球已经有 54 个国家的碳排放实现达峰，占全球碳排放总量的 40%。1990 年、2000 年、2010 年和 2020 年碳排放达峰国家的数量分别为 18 个、31 个、50 个和 54 个，其中大部分属于发达国家。这些国家占当时全球碳排放量的比例分别为 21%、18%、36% 和 40%。2020 年，排名前 15 位的碳排放国家中，美国、俄罗斯、日本、巴西、印度尼西亚、德国、加拿大、韩国、英国和法国已经实现碳排放达峰。中国、墨西哥等国家承诺在 2030 年以前实现达峰（见图 3）。届时全球将有 58 个国家实现碳排放达峰，占全球碳排放量的 60%。

41. 有哪些国家将碳中和目标纳入国家战略？

截至 2020 年 12 月 31 日，已有 126 个国家通过政策宣示、法律规定或提交联合国等不同方式承诺 21 世纪中叶前实现碳中和目标。不丹和苏里南已经实现了碳中和，但他们的产业结构过于简单，参考价值不大。现阶段发达国家中还未有实现碳中和的案例，但大多国家展示了绿色低碳转型的决心以及发布了相应的路线图（见图 4）。欧盟长期走在绿色低碳发展的前列，并于 2019 年 12 月推出《欧洲绿色新政》作为引领欧盟未来发展的关键指导性文件，力保 2050 年实现碳中和。乌拉圭、芬兰和冰岛分别将 2030 年、

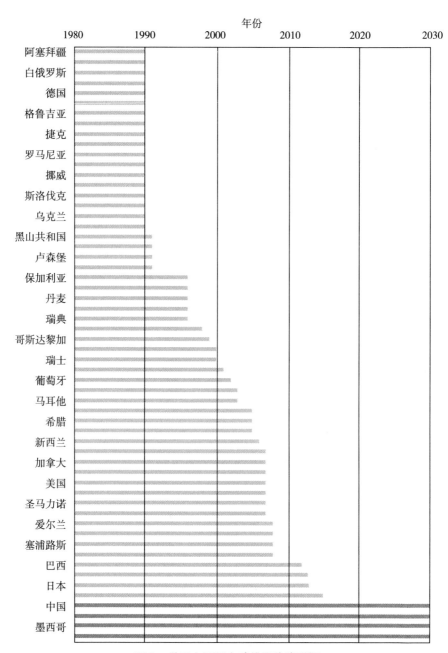

图 3 世界主要国家碳排放达峰时间

2035 年和 2040 年设定为实现碳中和目标年。德国、丹麦、法国、西班牙、匈牙利、英国均已通过立法的形式确定 2050 年碳中和发展目标。另外，继中国提出要在 2030 年前实现二氧化碳排放达到峰值、到 2060 年实现碳中和目标之后，日本、韩国、加拿大等国也纷纷跟进，相继公布了本国的碳中和目标实现时间表，均计划在 2050 年实现碳中和。总结相关国家发布的碳中和发展路径图，对中国的启示建议主要包括以下方面：（1）坚持以碳达峰、碳中和为目标引领，尽快健全和完善有中国特色的气候治理体系；（2）加快气候立法，构筑实现碳达峰目标和碳中和愿景的法律基础；（3）以能源转型为重点，抓住关键领域，加紧出台重点行业碳达峰专

国家地区	目标时间	承诺性质	具体内容
中国	2060 年	政策宣示	2030 年前达到排放峰值，2060 年前实现碳中和
奥地利	2040 年	政策宣示	2030 年实现 100%清洁电力，2040 年实现气候中立
加拿大	2050 年	政策宣示	2050 年实现争零排放目标，并制定具有法律约束力的五年一次的碳预算
智利	2050 年	政策宣示	2024 年前关闭 28 座燃煤电厂中的 8 座，并在 2040 年前逐步淘汰煤电；2050 年实现碳中和
哥斯达黎加	2050 年	提交联合国	2050 年净排放量为零
丹麦	2050 年	法律规定	2030 年起禁止销售新的汽油和柴油车，支持电动车；2050 年建立"气候中性社会"
欧盟	2050 年	提交联合国	2050 年实现争零排放目标
斐济	2050 年	提交联合国	2050 年在所有经济部门实现净零排放
冰岛	2040 年	政策宣示	冰岛已经从地热和水力发电获得了几乎无碳的电力和供暖，未来的战略重点是逐步淘汰运输业的化石燃料、植树和恢复湿地
爱尔兰	2050 年	执政党联盟决议	2050 年实现争零排放，在未来十年中每年减排 7%
新西兰	2050 年	法律规定	2050 年生物甲烷将在 2017 年的基础上减少 24%—47%
斯洛伐克	2050 年	提交联合国	2050 年实现"气候中和"
韩国	2050 年	政策宣示	2050 年间使经济脱碳，并结束煤炭融资
瑞典	2045 年	法律规定	2045 年实现碳中和
芬兰	2035 年	执政党联盟会议	限制工业化术，并逐步停止燃烧泥炭发电
法国	2050 年	法律规定	2050 年追求碳中和目标
德国	2050 年	法律规定	2050 年前追求温室气体中立
匈牙利	2050 年	法律规定	2050 年实现气候中和
日本	2050 年	政策宣示	2050 年实现碳中和目标，并将碳排放量减少 80%
马绍尔群岛	2050 年	自主减排承诺	2050 年实现净零排放的愿望
挪威	2050 年	政策宣示	2050 年在国内实现碳中和
葡萄牙	2050 年	政策宣示	2050 年实现争零排放目标
新加坡	本世纪后半叶	提交联合国	2040 年内，内燃机车将逐步淘汰
南非	2050 年	政策宣示	2050 年成为争零经济体
西班牙	2050 年	法律草案	立即禁止新的煤炭、石油和天然气勘探许可证
瑞士	2050 年	政策宣示	2050 年前实现碳净零排放
英国	2050 年	法律规定	2050 年实现争零排放目标
乌拉圭	2030 年	自主减排承诺	2030 年成为净碳汇国

图 4　世界主要国家碳中和目标实现时间

项方案；（4）科学研判形势，秉承因地制宜原则编制达峰行动方案，鼓励有条件地区率先达峰；（5）创新资金机制，充分发挥气候投融资作用；（6）系统治理山水林田湖草沙、提升生态系统碳汇能力，加强碳捕集、封存与利用技术研究，做好负碳排放技术工程示范。

42. 推动碳达峰和碳中和的实践经验有哪些？

碳达峰是经济社会发展成熟阶段的一项重要指标，其目标实现路径主要依赖能源结构改善、经济结构调整等方面的综合作用。从主要经济体碳达峰特征来看，石油危机、政治危机、金融危机等数次"黑天鹅"事件，是世界主要经济体实现碳达峰的重要驱动力。1973 年，中东地区爆发战争引发第一次石油危机，英国、法国、德国和比利时等西欧国家遭受打击最大，最早实现碳达峰；1979 年第二次石油危机爆发，瑞典和匈牙利等国家开始加大对天然气的开发和利用，在 1980 年左右实现碳达峰；20 世纪 80 年代中后期发生的东欧剧变，是捷克、斯洛伐克、波兰、保加利亚和罗马尼亚实现碳达峰的主要推手；2008 年蔓延全球的金融危机，对于世界头两大经济体美国和日本实现碳达峰"功不可没"；巴西则是在 2014—2015 年大宗商品危机与雷亚尔迅速贬值等多重因素综合作用下实现达峰。相比而言，北欧的丹麦、芬兰和挪威等国家的碳达峰在很大程度上得益于可再生能源发展、能源系统低碳转型等政策措施的贯彻落实而实现。

从欧洲国家碳达峰的实践经验来看，绝大多数欧洲国家为全球其他国家提供了低碳转型发展的典型样本。其低碳实践主要呈现如下特征：一是夯实政治生态的绿色基础。绿色政党兴起于西欧后工业时期，近年来对欧盟及各成员国的影响力迅速攀升，在 2019 年欧洲议会选举中，绿党共赢得 55 个议员席位，达到自身历史高位；同时，绿色政党在欧盟成员国中接连迈入政治中心，如芬兰绿色联盟政党在 2019 年新一届政府中成为联合执政党，法国"欧洲生态—绿党"在 2020 年法国市政选举中成为最大赢家。二是积极推动气候相关立法工作。英国 2008 年通过了《气候变化法案》，成为全球第一个确定温室气体减排目标法案的国家；丹麦、德国、法国、西班牙和匈牙利分别通过立法形式确定 2050 年碳中和发展目标。三是锚定重点领域加速低碳转型。电力系统大幅提高非化石能源比重，交通部门通过发展生物燃料替代和纯电动汽车加速低碳化，建筑领域能效加紧提升，在确保产业安全前提下推动工业领域向清洁循环经济转型。

43. 有哪些国家将甲烷减排目标纳入国家自主贡献？

全球甲烷排放仍在保持增长态势，除部分欧洲国家开始呈现下降趋势外，其他国家虽然采取了控制政策，但其排放轨迹还未改变。为此，包括欧盟在内的世界主要经济体提出了甲烷减排目标，部分国家特别是全球甲烷联盟的合作伙伴已将甲烷减排承诺纳入了国家自主贡献（见表 1）。如《巴黎协定》生效后，美国、加拿大、墨西哥、澳大利亚、新西兰、日本等国家均将甲烷减排承诺纳入国家自主贡献及相关法案。其中，美国主要油气生产州通过出台法律法规，对油气行业的甲烷泄漏行为进行规范和约束；加拿大和墨西哥政府相继于 2018 年 4 月和 11 月颁布减少油气行业甲烷排放的国家法规；新西兰于 2019 年 11 月发布《零碳排放法案》，明确了农业领域甲烷减排目标，即通过各种途径回收利用甲烷（主要来自农业），使甲烷排放量在 2030 年前下降 10%、2050 年前下降 24%—47%。下一步，不管是出于"共同但有区别的责任"的原则要求，还是为提升我国在全球气候治理中的话语权，抑或是满足国内实现 2060 碳中和的目标需求，我国全面加强甲烷排放控制已是大势所趋。

表1　国际社会提出的甲烷减排目标

报告／机构	主要目标
《欧盟甲烷减排战略》	旨在解决农业生产、畜禽养殖、农业废弃物处置、工业能源等过程中产生的甲烷排放，预计到2050年减少50%的甲烷排放。
《全球甲烷评估报告》	到2030年将甲烷排放量减少30%，主要是在化石燃料部门；仅有针对性的措施是不够的。到2030年，不专门针对甲烷的其他措施，如转向可再生能源、住宅和商业能效以及减少食物损失和浪费，可以将甲烷排放量再减少15%。
全球甲烷行动计划（Global Methane Initiative）	设置了不同行业2030年甲烷减排目标，其中农业减排28%、煤炭行业减排60%、城市固体废弃物减排61%、石油和天然气减排58%、生活污水减排36%。
美国环保协会（EDF）的最新报告	建议美国应明确承诺到2030年，在整个经济范围内将甲烷排放量在2005年的水平上减少40%。这一目标水平与加利福尼亚州和美国气候联盟提出和采纳的现有目标一致。

44. 欧盟绿色新政的主要内容有哪些？

2019年12月，欧盟新一届执委会推出《欧洲绿色协议》，也称"欧洲绿色新政"。绿色新政作为欧盟长期发展战略，旨在将欧盟转变为一个公平、繁荣的社会，以及富有竞争力的资源节约型现代化经济体，提出了到2050年欧盟实现温室气体净零排放并且实现经济增长与资源消耗脱钩的宏伟目标。为实现2050碳中和目标，欧盟提出七项重点任务：构建清洁、经济、安全的能源供应体系；推动工业企业清洁化、循环化改造；形成资源能源高效利用的建筑改造方式；加快建立可持续的智慧出行体系；建立公平、健康、环境友好的食物供应体系；保护并修复生态系统和生物多样性；实施无毒环境的零污染发展战略，包括实施空气、水和土壤零污染行动，开展可持续化学品管理等。同时，欧盟明确了绿色投融资、绿色财政、促进绿色技术和人才等一系列政策，如加大公共资金绿色投资力度，畅通私营部门绿色融资渠道，倡导公正转型等；运用绿色预算工具，提升绿色项目在公共投资中的优先序，加快能源税等税收改革，促进绿色技术研发，加快数字基础设施建设等。此外，欧盟还致力于扮演全球气候政治领导者角色，实施强有力的绿色外交，推动全球完善应对气候变化的政策工具，包括建立全球碳市场、推广欧盟绿色标准、健全全球可持续融资平台。值得特别注意的是，欧盟强调提高应对气候变化在贸易政策中的地位，其中提到制定特定行业的碳边界调节机制，提高食品、化学品、材料等进口产品准入标准等，引起国际社会的高度关注。

2020 年 3 月，欧盟向联合国气候变化框架公约秘书处正式提交"长期温室气体低排放发展战略"。新冠肺炎疫情暴发后，欧盟重申坚持实施绿色新政，并以此促进绿色复苏。2020 年 9 月 17 日，欧盟委员会发布《2030 年气候目标计划》，提出到 2030 年，温室气体排放量要比 1990 年减少至少 55%，较之前 40% 的减排目标大幅提高。同时，欧盟在气候法方面也取得重要进展，使得 2050 年实现温室气体净零排放的目标对欧盟机构和欧盟成员国都具有法律约束力。

45.《欧盟甲烷减排战略》提出的行动方案是什么？

2020 年 10 月，欧盟委员会发布《欧盟甲烷减排战略》（以下简称《战略》），属于"欧洲绿色新政"下推出的系列战略措施之一，主要服务于中长期温室气体减排目标。《战略》提出了覆盖甲烷排放的 5 大领域共 24 条行动方案（见表 2）。能源、农业和废弃物处理 3 个行业的甲烷总排放达到人类活动造成甲烷排放的 98%，其中农业占 53%、废弃物处理占 26%、能源占 19%；欧盟预计在未来 30 年降低 50% 的甲烷排放，将会为全球 2050 年前温升降低 0.18℃。因此，《战略》重点关注了能源、农业和废弃物处理 3 个行业的甲烷排放，提出了 5 项主要减排措施，包括：（1）加快发展沼气（Biogas）市场，推动在农业开展甲烷减排示范项目；（2）提升农牧业养殖和配种的最佳实践，降低农业排放；（3）提升所有天然气基础设施（生产、运输和使用）排放泄漏、强化泄漏后的修复能力；（4）推动甲烷排放、燃烧的立法和标准，包括供应链的各环节，同时积极支持世界银行的"根除火炬直排"（Zero Flaring）项目；（5）回顾和调整垃圾填埋、城市废水处理和污泥处理有关的欧盟法令。除此之外，《战略》还增加了跨部门行动和国际合作内容，积极推动更准确地测量和报告体系，包括：推动欧盟立法对能源带来的甲烷排放进行强制量度、报告和验证（MRV）；提升对每家企业进行甲烷排放量度和报告的能力；使用卫星协助对欧盟大型甲烷排放源进行监测；支持联合国设立甲烷排放国际监测组织，包括设立甲烷供应指数来提高透明度。

表2 《欧盟甲烷减排战略》覆盖的行动方案

领域	行动
跨部门	（1）支持企业改善甲烷监测与报告；
	（2）支持在联合国框架下建立国际甲烷排放观测站；
	（3）通过哥白尼计划，加强卫星对甲烷排放的探测与监测；
	（4）审查欧盟气候和环境相关法案；
	（5）为废弃物处理产生的沼气建立市场机制。
能源部门	（1）支持企业自愿减排行动，同时推动立法建立能源相关甲烷排放MRV制度，推动天然气企业开展泄漏检测和修复；
	（2）通过立法以消除天然气放空和燃烧；
	（3）扩展油气甲烷合作伙伴关系（OGMP）框架覆盖油气行业上、中、下游和煤炭行业；
	（4）推动转型中的采煤地区进行修复。
农业部门	（1）支持研究农业全生命周期甲烷排放方法学；
	（2）2021年底完成农业部门最佳减排实践和技术清单编制；
	（3）2022年完成农场温室气体排放和移除核算方法及模块；
	（4）2021年开始部署发展"富碳农业"，推广减排技术；
	（5）在2021—2024年"欧洲地平线"计划中，设立项目研究导致甲烷减排的因素。

续表

领域	行动
废弃物处理	（1）加强监管，向成员国和各区域提供技术援助； （2）2024 年审核修订《垃圾填埋气指令》，改善垃圾填埋气的管理； （3）在 2021—2024 年"欧洲地平线"计划中，设立项目研究垃圾生产生物甲烷技术。
国际合作	（1）通过气候和清洁空气联盟、北极理事会和东南亚国家联盟（东盟）等机构加大对国际论坛的贡献； （2）同伙伴国家一起促进甲烷减排，并协调解决全球能源部门甲烷排放问题； （3）寻求提高能源部门减排透明度，建立国际甲烷供应指数； （4）在国际伙伴没有作出重大承诺的情况下，考虑对欧盟境内消费和进口的化石能源设立减排目标、标准和激励措施； （5）建立甲烷超级排放源探测和预警程序，分享这些数据； （6）支持与国际甲烷减排倡议及组织的合作； （7）在 2021 年 9 月召开的联合国大会上推动国际合作。

46. 美国拜登政府的气候政策走向如何？

2021 年 1 月 20 日，美国总统拜登在其上任第一天就迅速签署了 15 项行政令和 2 项行政行动，应对气候变化作为拜登的主要竞选承诺之一，也成了其首批行政措施中的重要内容，包括重新加入《巴黎协定》。同时，应对气候变化也被列为联邦政府的优先事项之一。在上任一周后，拜登又签署了《关于应对国内外气候危机的行政命令》，主要从美国外交政策和国家安全、国内政府措施两个方面部署了美国政府的应对气候变化行动。

此前在竞选过程中，拜登已提出了 2 万亿美元的详细气候计划，作为其"重建更好未来"（Build Back Better）经济计划中的四大支柱之一，该计划提出了美国在 2050 年前实现 100% 清洁能源和净零排放的目标，同时在基础设施、电力行业（2035 年前实现零排放）、建筑（2035 年建筑部门碳足迹减少一半）、交通、清洁能源等领域提出了具体的计划措施，并且重视清洁能源、电池等新兴技术领域的创新，旨在让美国未来成为这些领域的引领者。而拜登上任以来的气候行动基本与竞选过程中承诺的气候计划保持一致。如此前计划中提出的美国在 2050 年前实现净零排放、电力部门在 2035 年前实现零排放的目标均在其上任以来的行政命令中正式提及。因此，拜登政府后续的气候行动仍将大概率以此前提出的气候计划为基础。在国际合作方面，拜登在气候计划中也表示将重新成为国际应对气候变化的领导者，引领各主要国家提高自身的气候目标，并确保这些目标承诺的可执行性与透明度，同时还将把气候变化问题完全纳入美国的外交政策、国家安全战略和贸易方式，如考虑对未能履行其气候和环境义务的国家征收碳调节费或设定碳密集型产品配额等，其中还特别提到了中美双边碳减排协议。

47. 全球碳市场发展情况如何？

当前，碳交易已成为碳减排的核心政策工具之一，碳排放权交易体系覆盖面较广。截至 2021 年 1 月 31 日，全球共有 24 个正在运行的碳交易体系，其所处区域的 GDP 总量约占全球总量的 54%，人口约占全球人口的 1/3 左右，覆盖了 16% 的温室气体排放。此外，还有 8 个碳交易体系即将开始运营。全球范围内主要碳交易体系包括欧盟碳市场、美国区域温室气体减排倡议（RGGI）、韩国与新西兰碳市场等。2020 年，全球碳市场交易规模达 2290 亿欧元，同比上涨 18%，碳交易总量创纪录新高，达 103 亿吨。其中，欧洲碳交易占据全球碳交易总额近 90%；北美区域碳市场——西部气候倡议组织（WCI）和区域温室气体倡议组织（RGGI）总市值增长 16%，分别达到 220 亿欧元和 17 亿欧元，分别占 2020 年全球碳交易总额的 9.6% 与 0.74%。从配套政策看，欧盟气候政策以限额交易为基础，欧盟碳交易机制（EU ETS）是世界上第一个多国参与的排放交易体系，目前碳定价最重要的实践活动位于欧洲；美国在 2001 年 3 月退出《京都议定书》后，推行以自愿减排为主的温室气体控制政策。从交易价格看，2019—2020 年，由于欧盟排放交易体系规则的收紧预期以及碳免费配额的减少，ETS 碳价格从平均每吨 25 欧元翻倍至 2021 年 5 月初的每吨 50 欧元左右；受供需推动影响，2020—2021 年，美国 RGGI 碳市场价格呈上升趋势，RGGI 总成交量创历史新高。

48. 低碳城市建设有哪些经验可以参考？

低碳城市建设有三大重点领域：（1）交通领域。以伦敦为例，降低地面交通运输的排放。引进碳价格制度，向进入市中心的车辆征收费用。（2）建设领域。以丹麦为例，丹麦 Beder 的太阳风社区是由居民自发组织起来建设的公共住宅社区，该社区最大的特点就是公共住宅的设计和可再生能源的利用。（3）生产领域。以瑞典为例，地方政府最常用的政策是垃圾差别化收集税和绿色采购计划。

国外低碳城市建设经验和启示主要有以下几个方面：一是明确的纲领和行动计划。如伦敦宣布《市长气候变化行动计划》，计划成为应对气候变化的科技研发和金融中心；纽约公布《策划纽约》的计划详情，决心成为应对全球气候变化的先锋。二是全方位的规划设计。重视产业结构的低碳化改造；倡导绿色建筑，设定节能标准；重视交通规划，在城市规划阶段采取预留公交、自行车空间；合理设计供水、排水、垃圾处理等基础设施；通过植树造林增加碳汇。三是量化的减排目标。如伦敦决心到 2025 年，在 1990 年的基础上减少 60% 的排放；纽约计划于 2030 年，在 2005 年的水平上减少 30% 的温室气体。四是三位一体的治理结构。低碳城市发展依赖于制度层面的变革，应发挥政府、企业、社会公众三类主体的作用，打造主要领域标杆性项目。五是保护环境和发展经济的共赢。伦敦和纽约的经验说明，应对气候变化的政策措施不但不会妨碍经济发展，还能带动新兴产业的异军突起，增加就业，提高经济效益。

知机识变——中国需求篇

实现"双碳"目标,不是别人让我们做,而是我们自己必须要做。

——习近平

气候变化对中国的影响

49. 气候变化对中国已经产生了哪些影响？

气候变化对中国自然生态系统和经济社会系统已经产生了广泛影响，其中负面影响更为突出，影响区域差异明显。

1961—2020 年，中国年平均地表温度呈显著上升趋势，其中东北、华北地区升温明显高于其他地区。2019 年中国平均地表温度较常年值偏高 1.4℃，为 1961 年以来的最高值。20 世纪中期以来的中国平均气温升高明显高于全球平均水平，已观测到的变暖约为同期全球平均变暖的两倍，也比全球陆地平均变暖快了约 1/3。1961—2020 年，中国极端低温事件减少，酸雨总体呈减弱、减少趋势，北方地区平均沙尘日数呈显著减少趋势，近年来达最低值并略有回升。极端高温事件自 20 世纪 90 年代中期以来明显增多，在大多数地区，极端高温天气变得更强烈和频繁，持续的时间更长。极端强降水事件呈增多趋势。2021 年夏季，全国平均降水量 334.1 毫米，较常年同期（325.2 毫米）偏多 2.7%，主要多雨区出现在北方。7 月 20 日，河南省郑州市下午 4—5 点一小时的降雨量就达到 201.9 毫米，突破中国大陆历史极值。

气候变化通过影响降水、径流、蒸发等水文循环过程影响水资源的时空分布。西部地区部分河流径流增多，长江中下游和东南地区等相对湿润地区的降水呈增大趋势；黄河、海河、辽河等相对干旱地区水资源锐减。气候变化通过影响作物生长发育、引起种植结构改变、导致农业病虫害和气象灾害加剧等多种方式对粮食生产产生影响。在东北、西北绿洲等高纬度，地区气温升高改善了区域热量条件，粮食产量有增加趋势，但在华北平原、南方稻区、西南地区和西北旱作区，气温升高缩短了作物生育期，导致区域粮食产量下降。气候变化和极端天气事件对森林、草地、湿地、荒漠、海洋等生态系统和生物多样性产生了可明显观测到的影响。东部地区木本植物北移，西北地区木本植物西移，长白山和小兴安岭北部的森林生物量显著增加，青藏高原三江源地区40种濒危保护草本植物中有35种分布面积增加，浑善达克沙地荒漠化面积缩小，但新疆大部分地区、西藏北部和西北部、青海西北部，区域气温升高导致沙质荒漠化明显加重。海平面明显上升，1980—2017年，渤海与黄海沿海海平面平均上升速率为3.4毫米/年，东海与南海沿海海平面平均上升速率为3.3毫米/年。海平面上升导致海岸侵蚀、湿地面积减少、生境和生物多样性受损。20世纪50年代以来，中国红树林面积减少了73%，近岸珊瑚面积减少了80%。

50. 气候变化还将对中国产生哪些影响？

气候系统的综合观测和多数气候模式模拟结果表明，气候系统变暖仍在持续，极端天气气候事件风险进一步加剧，气候变化将对中国自然生态系统、经济系统、人体健康等敏感领域产生进一步的影响，影响有利有弊，总体影响弊大于利。

未来气候将继续变暖，变暖幅度由南向北增加。部分地区降水会出现增加趋势，但由于气温升高导致蒸发增大，华北和东北等地区将出现继续变干的趋势。降水强度，特别是大雨和暴雨的降水强度可能增大。青藏高原多年冻土分布格局将发生较大变化，冰川面积减少，依赖冰川融水补给的高山和高原湖泊将缩小。沿岸海平面将继续上升，台风和风暴潮等自然灾害的概率增大，滨海湿地、红树林和珊瑚礁等典型生态系统损害程度加大。

森林类型分布北移，主要造林树种和一些珍稀树种的分布区可能缩小。森林生产力和产量呈现不同程度的增加，但火灾及病虫害发生的频率和强度可能增高。

气候变化对农业生产有直接影响。未来气候变化可能导致不同粮食作物的生育期不同程度缩短，造成粮食单产和产量下降，二氧化碳的肥效作用可以在一定程度上减弱对粮食产量的负面影响，但无论是否考虑肥效作用，未来气候变化对南方地区水稻产量的影响都可能是不利的。农业生产的不稳定性、生产布局和结构的变动、生产条件的变化将导致农业生产成本和投资需求大幅度增加。

气候变化对工业的直接影响相对较小，但通过影响农业生产使农产品生产和价格发生变化，会对那些以农产品为原料的工业部门产生间接影响。气候变化会通过影响能源和水土资源的可获得性以及交通运输成本，而影响工业生产的布局和决策。极端天气出现的频率和强度增加，会直接威胁建筑工程的施工进度和安全水平，对建筑物的安全性、适用性和耐久性提出新要求。气候变化引起的环境景观和物种多样性的变化会影响旅游资源，气温和湿度等气象因素变化会影响旅游人数和逗留时间，从而影响旅游业发展。极端气候事件可能会导致交通停滞甚至瘫痪，影响旅游业收益。

极端高温事件引起的死亡人数和严重疾病将增加。气候变化通过温度、湿度、气压、日照、时长等因素影响自然系统中传染病的病原体、宿主和疾病传播媒介，增加疾病的发生和传播机会。极端天气气候事件及其引发的气候灾害，对大中型工程项目建设，特别是沿海核电工程、南水北调工程、山地灾害防护工程、寒区公路铁路工程等的影响加大。

碳达峰碳中和带来的变革

51. 中国碳排放现状如何?

中国官方的碳排放数据主要源于国家信息通报和《中国应对气候变化的政策与行动》白皮书。

国家信息通报是《联合国气候变化框架公约》缔约国为履行公约提交的与本国气候变化相关的信息通报,包括温室气体源与汇国家清单,为履行公约所采取和将要采取的措施的总体描述,以及认为适合提供的其他信息。经中国政府批准的《中华人民共和国气候变化初始国家信息通报》主要包括三种温室气体的排放清单、主要行业的脆弱性和适应性评估、国家现行的减缓政策和措施以及其他相关信息。

中国于 2004 年提交了《中华人民共和国气候变化初始国家信息通报》,于 2012 年提交了《中华人民共和国气候变化第二次国家信息通报》,于 2017 年提交了《中华人民共和国气候变化第一次两年更新报告》,于 2019 年提交了《中华人民共和国气候变化第三次国家信息通报》和《中华人民共和国气候变化第二次两年更新报告》,分别报告了中国 1994 年、2005 年、2012 年、2010 年和 2014 年的国家温室气体清单,第三次信息通报还对 2005 年的国家温室气体清单进行了回算。

根据中国国家信息通报的国家温室气体清单,2014 年中国温室气体排放总量(包括土地利用和土地利用变化)为 111.86 亿吨二氧化碳当量,其中二氧化碳、甲烷、氧化亚氮、氢氟碳化物、全氟化碳和六氟化硫所占比重分别为 81.6%、10.4%、5.4%、1.9%、0.1% 和 0.6%。土地利用、土地利用变化和林业的温室气体吸收汇为 11.15 亿吨二氧化碳当量。不考虑温室气体吸收汇，温室气体排放总量为 123.01 亿吨二氧化碳当量，比 2005 年增长了 53.5%。

中国从 2008 年开始每年发布《中国应对气候变化的政策与行动》白皮书，介绍中国应对气候变化进展。根据 2021 年 10 月发布的白皮书，中国碳排放强度和能耗强度均有显著降低。2020 年中国碳排放强度比 2015 年下降 18.8%，超额完成"十三五"约束性目标，比 2005 年下降 48.4%，超额完成了中国向国际社会承诺的到 2020 年下降 40%—45% 的目标，累计少排放二氧化碳约 58 亿吨，基本扭转了二氧化碳排放快速增长的局面。初步核算结果表明，中国是全球能耗强度降低最快的国家之一，2011 年至 2020 年中国能耗强度累计下降 28.7%。"十三五"期间，中国以年均 2.8% 的能源消费量增长支撑了年均 5.7% 的经济增长，节约能源占同时期全球节能量的一半左右。

国际上很多机构都建立了碳排放数据库，很多学者也开展了相关研究，不同数据库或研究的覆盖范围、口径和核算方法不同，核算结果会有差异，只供参考。

联合国环境规划署（UNEP）发布的《2020 年排放差距报告》数据表明，2019 年中国温室气体排放量约为 140 亿吨二氧化碳当量。

荷兰环境评估局发布的《全球二氧化碳和温室气体总排放量的趋势报告（2020 年）》表明，2019 年中国温室气体排放量为 140 亿吨二氧化碳当量，其中二氧化碳、甲烷、氧化亚氮和氟化气体排放分别占 82.6%、11.6%、3.0% 和 2.8%。

英国石油和石油化工集团公司（BP）数据表明，2019 年中国碳排放总量为 98.26 亿吨，约占全球碳排放总量（341.69 亿吨）的 30%，居全球首位，约为美国的 2 倍、欧盟的 3 倍。

总部位于纽约的咨询公司荣鼎集团（Rhodium Group）2021 年 5 月发布的研究报告表明，中国 2019 年的温室气体排放量为

140.93 亿吨二氧化碳当量，占全球总排放量的 27% 以上。第二位为美国，其排放量约占全球总排放量的 11%。

国际能源署（IEA）报告表明，2018 年中国二氧化碳排放总量约为 96 亿吨。

清华大学气候变化与可持续发展研究院发布的《中国长期低碳发展战略与转型路径研究》测算结果表明，2020 年中国二氧化碳总排放量为 113.5 亿吨，其中与能源相关的排放 100.3 亿吨，占比 88.4%，工业过程排放 13.2 亿吨，占比 11.6%。

中国二氧化碳排放量居全球首位，但论历史累计碳排放、人均碳排放，中国远远低于美国。

联合国环境规划署（UNEP）发布的《2020 年排放差距报告》表明，2019 年，中国人均碳排放为 9.7 吨，美国为 20 吨，是中国的 2 倍多，欧盟 27 国和英联邦为 8.6 吨，俄罗斯联邦为 17.4 吨，日本为 10.7 吨。

全球碳计划（Global Carbon Project）统计了各国 1750—2019 年的累计碳排放，中国为 2200 亿吨，美国为 4100 亿吨，是中国的近 2 倍。

52. 中国的主要碳排放源有哪些？

根据《中华人民共和国气候变化第二次两年更新报告》的 2014 年中国温室气体排放数据（见表 3），能源活动是中国温室气体最大排放源，温室气体排放量为 95.59 亿吨二氧化碳当量，占全部排放（不包括土地利用变化和林业情况）的 77.7%，其次是工业生产过程、农业活动和废弃物处理，温室气体排放量占比依次为 14.0%、6.7% 和 1.6%。二氧化碳是最主要的温室气体类型，占全部温室气体排放的 83.5%。能源活动是最大的二氧化碳排放源，排放量为 89.25 亿吨，占二氧化碳排放总量的 86.9%，其次是工业生产过程，二氧化碳排放量为 13.30 亿吨，占比 12.9%。甲烷是中国第二大温室气体，总排放量为 11.25 亿吨二氧化碳当量，占全部温室气体排放的 9.1%，能源活动和农业活动是最主要的甲烷排放源，排放量分别为 5.2 亿吨和 4.67 亿吨，占比分别为 44.8% 和 40.2%。

表 3　中国温室气体排放总量及构成（2014 年）

排放量（亿吨二氧化碳当量）	二氧化碳	甲烷	氧化亚氮	氢氟碳化物	全氟化碳	六氟化硫	合计
能源活动	89.25	5.20	1.14				95.59
工业生产过程	13.30	0.00	0.96	2.14	0.16	0.61	17.18
农业活动		4.67	3.63				8.30
废弃物处理	0.20	1.38	0.37				1.95
土地利用、土地利用变化和林业	-11.51	0.36	0.00				-11.15
总量（不包括 LULUCF）	102.75	11.25	6.10	2.14	0.16	0.61	123.01
总量（包括 LULUCF）	91.24	11.61	6.10	2.14	0.16	0.61	111.86
构成（%）（不包括 LULUCF）	二氧化碳	甲烷	氧化亚氮	氢氟碳化物	全氟化碳	六氟化硫	合计
能源活动	72.6	4.2	0.9				77.7
工业生产过程	10.8	0.0	0.8	1.7	0.1	0.5	14.0
农业活动		3.8	3.0				6.7
废弃物处理	0.2	1.1	0.3				1.6
总量	83.5	9.1	5.0	1.7	0.1	0.5	100.0

　　能源活动的温室气体排放包括燃料燃烧排放和逃逸排放。从总量看，燃料燃烧排放是主要排放源，排放量为 90.94 亿吨二氧化碳当量，占 95.1%。从气体种类看，二氧化碳排放 89.25 亿吨和氧化亚氮排放 36.7 万吨，全部源于化石燃料燃烧；甲烷排放 2475.7 万吨，主要源于逃逸排放（占比 89.4%）。从能源活动燃料燃烧二氧化碳排放看（见图 5），能源工业、制造业和建筑业是最主要排放源，排放占比分别为 44% 和 38%，交通运输是第三大排放源，排放占比为 10%。

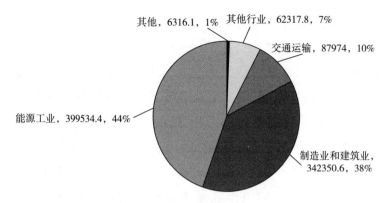

图 5　能源活动燃料燃烧二氧化碳排放量及构成（2014 年）（单位：万吨；%）

工业生产过程温室气体排放 17.18 亿吨二氧化碳当量（见图 6），其中非金属矿物制品是最主要排放源，排放 9.15 亿吨二氧化碳当量，占比 53%，其次是金属冶炼和化学工业，占比分别为 17% 和 14%。从其他种类看，二氧化碳排放 13.3 亿吨，非金属矿物制品排放占 68.8%，是最主要排放源，其次是金属冶炼和化学工业，排放占比分别为 20.5% 和 10.7%；甲烷排放 0.6 万吨，全部来自金属冶炼；氧化亚氮排放 31.1 万吨，全部来自化学工业；氢氟碳化物排放 2.14 亿吨二氧化碳当量，其中卤烃和六氟化硫生产排放占 70.1%，消费排放占 29.9%；全氟化碳排放 0.16 亿吨二氧化

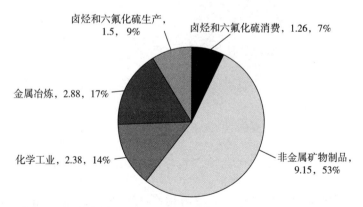

图 6　工业生产过程温室气体排放量及构成（2014 年）（单位：亿吨二氧化碳当量；%）

碳当量，最主要排放源是金属冶炼，排放占比 95.6%；六氟化硫排放 0.61 亿吨二氧化碳当量，全部来自卤烃和六氟化硫消费排放。

农业活动 2014 年温室气体排放 8.30 亿吨二氧化碳当量，按排放占比由高到低依次为：农用地排放，占 34.7%；动物肠道排放，占 24.9%；水稻种植排放，占 22.6%；动物粪便管理排放，占 16.7%；农业废弃物田间焚烧排放，占 1.1%。农业温室气体排放的气体种类主要为甲烷和氧化亚氮，其中甲烷排放 2224.5 万吨，动物肠道排放和水稻种植排放是主要排放源，占比分别为 40.1% 和 44.3%。氧化亚氮排放 117.0 万吨，农用地排放和动物粪便管理排放是主要排放源，占比分别为 79.5% 和 19.9%。

根据国际能源署（IEA）统计的化石燃料燃烧的二氧化碳排放，2018 年中国二氧化碳排放源按部门分类看（见图 7），电力和供热是最主要排放源，其次是工业部门。

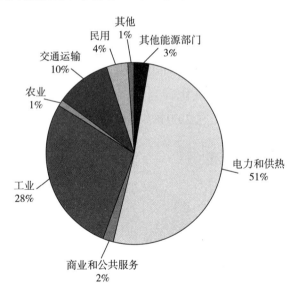

图 7　中国二氧化碳排放源构成（按部门分类）（2018 年）

根据清华大学气候变化与可持续发展研究院发布的《中国长期低碳发展战略与转型路径研究》综合报告数据，2020 年电力、工业、建筑、交通四个部门的二氧化碳排放占比分别为 40.5%、37.6%、10.0%、9.9%。

53. 中国实现碳中和目标面临的挑战有哪些?

中国实现碳中和目标面临的挑战主要有:

巨大的减排量和短暂的减排时间带来的挑战。从总量看,中国碳排放总量居全球第一,实现碳中和目标的减排量远高于其他经济体。从减排时间看,欧美等发达经济体已基本实现经济发展与碳排放的绝对脱钩,碳排放进入稳定下降阶段。从碳达峰到碳中和的窗口期约为 40—70 年甚至更长,而我国从 2030 年碳达峰到 2060 年碳中和的时间只有 30 年。在最短的时间实现最大的减排量,对结构转型、技术创新、资金投入、思维革新都是严峻的挑战。

中国经济增长仍依赖于能源消费带来的挑战。一方面,发达国家碳达峰是经济社会发展的自然过程,碳达峰时经济发展已基本完成工业化阶段,进入后工业化阶段,经济发展已经减少了对能源消费的依赖,碳中和压力较小。而中国目前尚未完成工业化进程,经济增长对能源消费的依赖度仍然较高。另一方面,发达国家经济社会发展目前基本处于相对稳定状态,能源需求和相应的碳排放因此也相对稳定,碳中和压力较小。而中国虽然 GDP 总量居全球第二,但人均 GDP 刚刚超过 1 万美元,2020 年才消除绝对贫困。2019 年,中国的人均 GDP 仅是 16 个国家碳达峰时人均 GDP 均值的 18.6%。为实现在 2035 年左右基本实现现代化、人均 GDP 达到中等发达国家水平的发展目标,中国经济必须保持一定的增长速度。而在经济快速增长时期,每一单位 GDP 的增长都将带来碳排放。

资源禀赋带来的挑战。化石能源燃烧是二氧化碳的主要排放源,而根据《中国矿产资源报告 2019》,中国已查明的化石能源储量中煤炭、石油、天然气分别占 99%、0.4%、0.6%，煤炭为主的资源禀赋决定了中国以煤炭为主的一次能源结构和对燃煤发电的依赖。完全依赖进口则将大大提高能源风险，2019 年中国天然气的进口依存度已达 43%，石油的进口依存度更高达 71%，远远超过国际公认的安全警戒线。如何实现既有资源禀赋下的能源结构调整、对煤电进行节能改造以降低煤电碳排放，是中国碳达峰碳中和面临的重要挑战。

不确定的国际局势带来的挑战。碳达峰碳中和是全球未来几十年合作、竞争、博弈的主要平台，借气候问题构筑绿色壁垒、提高碳关税加强贸易壁垒、要求取消相关能源产品和技术出口补贴的趋势在扩大，国际经济和贸易环境存在很大变数。新冠肺炎疫情进一步加强了全球经济社会政治局势的不稳定性。

54. 实现碳中和目标对中国生态环境有哪些影响？

从最广泛的影响看，中国实现碳中和目标将对全球升温控制在 1.5℃之内的国际进程作出重要贡献，减缓全球气候变化，也将最终减少气候变化特别是极端气候事件对中国生态环境的影响。根据英国剑桥计量经济学家赫克托·波利特的分析，即使没有其他国家进一步的承诺，中国 2060 年碳中和目标也将把 2100 年全球气温限定在工业化前水平以上 2.35℃，而不是基线情景下的 2.59℃，即中国实现碳中和目标可在本世纪避免 0.25℃的全球升温。

实现碳中和目标将显著改善中国生态环境系统。碳中和并不意味着完全没有碳排放，零排放的关键是增加碳汇，通过植树造林、森林管理、植被恢复等措施，充分利用植物光合作用吸收大气中的二氧化碳，并将其固定在植被和土壤中，是增加碳汇的重要途径。碳汇增加的过程也是生态环境修复、保护和建设的过程，生态碳汇在固碳的同时也将产生巨大的生态环境效益。

实现碳中和目标将显著改善大气环境，提升空气质量。温室气体与主要大气污染物具有"同根、同源、同时"的特征，减少温室气体排放的同时能够减少其他局域污染物的排放，如 SO_2、NO_x、CO、VOC 及 PM 等。有研究表明，2005—2018 年，我国每减排 1 吨二氧化碳，相当于同时减排 2.5kg 二氧化硫、2.4kg 氮氧化物。相比火力发电，风力发电所产生的二氧化碳减少 97.48%，大气污染物如 SO_2、NO_x、PM_{10} 等也有不同程度的减少。随着碳中和目标的实现，空气质量的特征指标 PM2.5 将首先达到国家目标 $35\mu g/m^3$，进而达到全球目标 $15\mu g/m^3$。

实现碳中和目标有利于改善农村生态环境。化肥、农药和农膜是农村面源污染的主要污染源，也是温室气体氧化亚氮的主要排放源，其污染排放占到农业温室气体排放量的 80% 以上。发展生态农业，减少化肥、农药和农膜的使用量，可以在减排的同时减少农业面源污染。

55. 实现碳中和目标对中国能源结构调整有哪些影响？

实现碳中和目标将使中国的能源结构发生战略性、根本性和颠覆性的变化。

中国目前 80% 的碳排放源于能源生产过程。石化能源在一次能源向二次能源转化的生产过程中产生了 80 多亿吨碳。根据《世界能源统计年鉴 2020》，中国煤炭、石油、天然气消费量分别占世界总量 51.7%、14.5%、7.8%。与全球平均水平和其他经济体相比（见图 8），中国一次能源结构严重依赖于煤炭和石油，特别是煤炭。能源结构进行根本性调整，实现能源生产去碳化，是碳达峰碳中和成败的关键。

大幅度提高清洁能源比重，清洁能源成为能源增量主体。非化石能源占比"十四五"达到 20%，"十五五"达到 25%，风电、太阳能发电总装机容量 2030 年达到 12 亿千瓦以上。2020 年后的

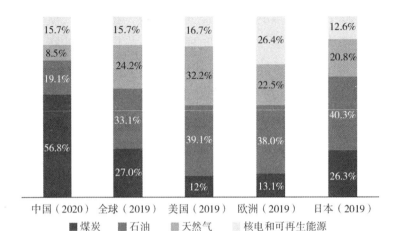

图8 一次能源消费结构的国际比较

新增能源需求主要依靠清洁能源满足，到2030年非化石能源发电量占全部发电量的比重力争达到50%，2050年非化石能源占比超过一半。

终端能源消费全面低碳化。推进工业、建筑、交通部门电能替代，引导消费者低碳消费行为和低碳生活方式转型，居民生活和企业生产过程尽量用电而不用石化能源。根据"中国长期低碳发展战略与转型路径研究"课题组和清华大学气候变化与可持续发展研究院预测，在自下而上强化2030年前国家自主贡献目标减排力度的政策情景下，电力占主要终端部门能源消费的比重将从2018年的24%提高到2035年的35%，2050年达到46%。

全部电力生产实现清洁能源化。减少高碳电源、发展低碳电源是降低二氧化碳排放的最有效和最直接的方法。各种电源的二氧化碳排放强度有很大差异（见表4）。其中，化石能源电力，即煤电、油电和气电均为高碳排放电源（简称"高碳电源"），其余八种电源均为低碳排放电源（简称"低碳电源"）。随着可再生能源发电技术成本下降和碳价提高，非化石能源装机占比在"十四五"期间和2035年前后将大幅提升。预测到2025年，可再生能源装机占比达到 12%，化石能源下降到 45%；到 2050 年，风电和光伏发电成为电力系统的主力电源，发电装机均超过煤电装机，非化石能源装机占比达到 88%，可再生能源装机占比达到 86%。

表4　全球各种电源的平均 CO_2 排放强度 g/（kW·h）

电源名称	煤电	油电	气电	光伏	地热	光热	生物质	核电	风电	潮汐	水电
排放强度	1001	840	469	48	45	22	18	16	12	8	4

56. 实现碳中和目标对中国产业结构调整有哪些影响？

实现碳中和目标要求深化供给侧结构性改革，意味着产业结构的整体优化、绿化和升级，知识型服务业为主的现代服务业将成为中国经济增长的最主要推动力。根据"中国长期低碳发展战略与转型路径研究"课题组和清华大学气候变化与可持续发展研究院的预测，2021—2025 年，第二产业比重将降至 34% 左右，第三产业比重将上升至 59% 左右；2026—2035 年，第三产业比重进一步上升，成为经济发展的主导产业，在 2030 年前后突破 60%；2036—2050 年，中国成为世界最发达的服务业强国和全球高端服务业集聚中心，三次产业结构调整到 3.5∶24.1∶72.3 左右。

工业结构将完成全面绿色转型，建立低碳新工业体系。一方面，高耗能、高碳排放行业占比将大幅度下降直至清零，低能耗、低碳排放的战略性新兴产业占比将大幅度提升。煤炭、化工、石化、钢铁、有色、建材六大高耗能行业依然存在，但占比下降，其中的落后产能彻底退出。另一方面，新一代信息技术、节能与新能源汽车、新材料、先进轨道交通装备、电力装备、航空航天、生物医药、电子及信息产业等先进制造业占比明显提高，成为新的经济增长点和国民经济支柱行业。

57. 实现碳中和目标对中国经济社会发展有哪些影响？

实现碳中和目标将提升中国国民经济效益和国民经济质量。

国家经济实力进一步增强。多家机构测算表明，碳中和将成为推动我国经济未来四十年可持续发展的重要驱动力，为年均GDP增长贡献超过 2%。2036—2050 年中国经济潜在增长率将在3.5% 左右，预计在 2030 年前，中国名义 GDP 总量有望超过美国成为世界第一大经济体，跨越中等收入陷阱。到 2050 年，中国人均 GDP 将达到 8.5 万美元左右，约相当于同期美国人均 GDP 的55% 左右，达到中等发达国家水平。

国民经济结构和质量显著提升。碳达峰碳中和快速推进工业化进程，到 2025 年基本实现工业化，到 2035 年彻底完成工业化，到 2050 年中国成为世界最发达的服务业强国。经济增长逐步实现与能耗、碳排放和污染排放脱钩。预计到 2035 年，中国 GDP 的单位能耗达到世界平均水平，2050 年赶上欧洲、美国发达国家的单位能耗。

社会稳定协调发展。碳中和将加快低碳城市建设，推进新型城镇化进程。城市是能源消耗和碳排放的集中地，是气候变化行动的政策试验场，是碳达峰碳中和的先行者；在碳中和背景下，农业、农村可能成为碳汇来源，从而促进城乡融合和乡村振兴发展。预计 2030 年城镇化率将达到 67%，2050 年达到 80%，2060年达到 83% 左右，全面完成城镇化进程。

综上，碳中和带来的经济增长将提高人民物质生活水平，生态碳汇建设将显著改善人居生存环境，碳中和所引导的绿色生活方式和生态环境友好的观念将提高人民的精神生活质量。

58. 实现碳中和目标对中国技术发展有哪些影响？

低碳技术是实现碳中和目标的关键手段，实现碳中和目标将推进和加快中国技术创新进程。碳中和目标下，中国技术发展的两个关键领域是低碳技术和负排放技术，通过低碳技术促进减排，通过负排放技术提高碳汇。

低碳技术发展的重点领域是能源系统。能源系统的低碳技术主要包括清洁替代技术、电能替代技术和能源互联技术。清洁替代技术包括以清洁能源替代传统化石能源发电及清洁能源终端的直接利用；电能替代技术主要在工业、交通、建筑和生活消费领域，通过技术创新、充分利用新材料新技术支撑用电量增加，实现电能规模化和低成本应用；能源互联技术，为清洁能源的大规模优化配置，包括特高压交直流、柔性交直流等输电技术和大规模储能技术等提供基础。中国科学院院士、中国电力科学研究院名誉院长周孝信院士概括了将对能源电力系统全局产生关键性、决定性影响的八类技术：高效低成本电网支持型新能源发电和综合利用技术、高可靠性低损耗率新型电力电子元器件装置和系统技术、新型综合电力系统规划运行和控制保护技术、清洁高效低成本氢能生产储运转化和应用技术、安全高效低成本寿命新型储能技术、数字化智能化和能源互联网技术、新型输电和超导综合输能技术、综合能源电力市场技术。工业生产过程的减排也要通过低碳技术来实现，钢铁、建材、化工、石化等行业要发展先进突破性技术。如，钢铁行业用氢取代焦炭实现零碳炼钢；平板玻璃行业利用氧化镁和氧化钙替代白云石和石灰石，减少配料生产过程中的碳排放；煤化工等行业通过发展加压水煤浆气化技术、加压粉煤气化技术等新型煤气化工艺，减少生产过程的碳排放，等等。

负排放技术主要包括再造林、生态修复、新型建筑材料、土壤固碳、碳捕集利用与封存（CCUS）、直接空气碳捕捉与封存（DACCS）、生物质能源碳捕捉与封存（BECCS）、生物质炭（Biochar）等。到 2050 年我国仍可能有 10 亿—20 亿吨碳排放量需要通过负碳技术来实现碳中和。

59. 实现碳中和目标对企业有哪些影响？

企业是温室气体排放的生产活动源，是实现碳中和目标的核心行动主体，绝大多数碳中和措施的最终落脚点都是企业。

实现碳中和目标首先将给火电企业和高碳行业带来巨大冲击。随着能源结构从石化能源转向清洁能源，煤电定位发生根本性变化，从电力主体地位逐步过渡为基础性电源，承担托底保供和重要负荷中心支撑性电源的作用，能效和排放不达标的煤电机组将被淘汰关停已成定局。钢铁、建材、化工等高碳行业都将明确碳中和时间表和路线图，行业发展格局的变化将加速倒逼企业的绿色转型。

全行业企业碳中和是必然措施，所有企业都面临来自多方面的低碳转型要求。中国国家、区域、行业层面的规划、约束性指标将最终落实到各企业。碳中和已经成为全球共识，欧盟于2021年3月宣布增收碳关税，企业参与国际贸易将面临日益增强的以低碳为核心的贸易壁垒。众多大型跨国企业、科技巨头已经开始利用其产业链影响力，以"低碳甚至零碳"要求其链上供应商，推动全产业链实现净零排放。

碳中和为企业带来了新的发展机会和新风险。转型意味着新产品和技术的出现，碳中和催生的低碳消费将拉动新的需求，碳交易本身就是一个新的市场，企业将迎来一个充满发展机遇的新市场空间。但同时，新的市场和机制也存在着极大的不确定性，没有足够的碳中和知识、技术、资本和管理能力储备，也意味着高风险。

60. 实现碳中和目标对公众有哪些影响？

实现碳中和目标将推动形成公众绿色消费理念和生活方式。公众是能源及能源产品的终端消费环节，其消费观念、意愿、能力和行为将对产业部门的生产活动产生反馈和影响，加强宣贯以推动形成绿色低碳的消费价值观、节约适度的消费模式是实现碳中和目标的重要环节。全社会绿色低碳意识的形成也将成为强有力的社会约束，引导公众低碳、绿色、健康的消费价值观和消费行为模式的形成。

实现碳中和目标将为公众带来显著的健康效益。有研究表明，仅 2015—2030 年期间，如果二氧化碳强度每年降低 3%、4% 或 5%。与基准情景相比，2030 年可以减少由于 PM2.5 导致的 36000 人、94000 人和 160000 人过早死亡。假设控制在 2℃温升目标，二氧化碳减排能够减少的空气污染和部分人过早死亡所带来的经济效益，扣除减缓气候变化的成本，仍可能有近 330 亿美元的净效益。

实现碳中和过程中，由于能源结构调整、企业转型、产品和技术革新成本增加等各种因素，可能会偶发生活用能、就业、价格等问题，但这些问题都将是暂时的，是转轨过程中难以绝对避免的，并将在经济生活进入绿色低碳轨道后消失。

61. 碳达峰碳中和对就业有哪些影响？

碳达峰碳中和会造成一部分就业机会损失，但同时也创造了新的就业机会，总就业将会增加。

原有就业岗位将随着碳达峰碳中和带来的行业消减而消减。碳达峰碳中和对能源产业特别是煤电行业有巨大冲击，除少数高效低碳煤电机组会保留外，多数煤电机组将逐步转型或淘汰；钢铁、水泥、石化、铝业等碳排放密集型行业也面临产品和技术的更新或淘汰。

碳达峰碳中和带动了新型业务和新兴行业的发展，新增大量绿色投资需求，创造大量新的就业机会。据有关机构预测，到 2050 年之前，中国可再生能源行业的就业人数将新增 1000 万人，平均每年新增 33 万就业岗位。根据国际劳工组织发布的《2018 年全球就业和社会展望：绿色就业》报告表明，到2030年，电动汽车、清洁能源、绿色金融等创新性新兴产业将为全球创造2400万个就业机会，而同期煤炭、石油开采等高碳产业失去的工作岗位仅600万个。

新旧就业岗位的更替并不一定在原地区、原行业、原企业、原岗位完成。新的就业岗位需要新的知识和技能，原岗位人员如果不能及时更新专业知识、完成新技能培训，就会面临下岗失业。因此，必须建立自主学习、积极求变、持续调整的观念，主动适应新的就业市场的需求，主动寻找新的就业机会。在专业和就业上选择与碳中和相关领域，如节能减排技术、信息技术、碳交易管理等，尽早切换赛道，积极创新创业，实现个人发展的弯道超车。

碳达峰碳中和带来的机遇

62. 中国为什么主动承诺碳达峰碳中和目标？

承诺碳达峰碳中和是中国经济社会发展和生态文明建设的必然需求，是提升国际地位和推动全球气候治理进程的必然要求。

低碳绿色发展是全球经济发展的大趋势，抓住机遇，以承诺碳达峰碳中和目标倒逼技术创新、发展转型、实现跨越式发展是中国经济腾飞的关键途径。第一次工业革命以蒸汽机的发明和使用为代表，机器替代了手工劳动，人类进入"机械时代"；第二次工业革命也是技术革命，以电能的开发和利用为代表，人类进入了"电气时代"；第三次技术革命以原子能、电子计算机等的发明和利用为代表，人类进入了"信息时代"。未来的技术革命和产业革命将以可持续发展理念为导向，从人类发展的长远性和整体性出发，重新审视人类与自然的关系，第四次技术革命将是与之前的三次技术革命有本质差异的绿色低碳技术革命，带领人类进入一个崭新的"绿色时代"。历史规律表明，那些在历次产业和技术革命中占据了科技中心的国家，无一例外实现了经济发展的腾飞，占据了世界经济、政治和文化的重要位置。中国在之前的技术革命中已错过很多良机，必须抓住这一轮低碳技术革命的机遇，从根本上扭转依靠自然资源、劳动力和资金等生产要素的粗放投入和规模扩张的经济增长方式，扭转在全球产业链中的低端和从属位置，才能实现跨越式发展。同时，原有的资源依赖型的发展模式引发的资源紧张、环境污染、生态破坏等问题已越来越成为中国发展的瓶颈性制约，只有转变发展模式，建设资源节约型、环境友好型社会，全方位推进生态文明建设，才能实现中华民族伟大复兴和永续发展，碳达峰碳中和目标与生态文明建设具有目标和路径的全面耦合性。

碳达峰碳中和目标承诺和完成事关未来国际格局和中国地位。气候变化不是国家性或区域性问题，是全球性问题，从构建人类命运共同体的高度看，尽管全球变暖的今天主要源于发达国家前期发展过程中累积的碳排放，但作为现在的碳排放大国，中国的主动和积极贡献将大大减缓气候变化，推进全球气候治理进程。碳中和是科学问题、技术问题，也是政治问题，但归根结底是发展问题。近年来，在经济全球化趋势的催化下，国际经济政治格局不断变化，呈现出复杂多元的发展趋势。积极参与全球共同事务，承担责任，积极贡献，是加强国际合作、提高国际竞争力、提升国际话语权的重要途径。从《联合国气候变化框架公约》到《巴黎协定》，中国在全球气候治理体系中的角色已经从被动参与到主动引领，从全球生态文明建设的贡献者到代表发展中国家发声、争取权益和提供碳减排支持，中国的国际地位和话语权在不断提升。

63. 中国实现碳中和的基本路径是什么？

碳中和路径是排放路径、技术路径和社会治理路径的综合。根据各类减排技术手段的成本效益和实施难度，碳中和排放和技术路径可分为三个阶段：

2020—2030 年是以碳排放达峰为目标的第一阶段，主要减排路径是降低能源消费强度，降低碳排放强度，控制煤炭消费，大规模发展清洁能源，继续推进电动汽车对传统燃油汽车的替代，倡导节能（提高工业和居民的能源使用效率）和引导消费者行为。

2030—2045 年是以快速降低碳排放为目标的第二阶段，包括此阶段初期 5 年左右的碳排放趋缓趋稳、稳中有降的缓冲平台期，主要减排路径是以可再生能源为主，大面积完成电动汽车对传统燃油汽车的替代，同时完成第一产业的减排改造，以碳捕集、利用与封存（CCUS）等技术为辅。

2045—2060 年是深度脱碳、完成"碳中和"为目标的第三阶段，这一时期工业、发电端、交通和居民侧的高效、清洁利用潜力基本开发完毕，主要减排路径是碳汇技术，以碳捕集、利用与封存，生物质能碳捕集与封存（BECCS）等兼顾经济发展与环境问题的负排放技术为主。

社会治理路径包括政府、企业和公众等行为主体参与碳中和以及主体间的良性互动。政府作为碳中和行动的主导者、监督者和政策制定者，主要从规划、政策、法律法规等层面进行顶层设计；企业应主动将碳中和目标纳入企业发展战略，积极转型和创新，自觉履行社会责任；公众应树立低碳意识，践行低碳生活模式，发挥监督和公众参与作用。

64. 实现碳中和目标将为中国经济社会发展带来哪些机遇？

实现碳中和目标是中国经济社会绿色转型的重要机遇。碳中和将从根本上改变以石化能源为主的能源结构，实现清洁燃料替代；加速工业淘汰落后产能，实现节能增效和绿色升级，加快完成工业化进程；加强植树造林，减少化肥、农药农膜使用，促进生态农业的发展，减少农业碳排放和面源污染，加快实现乡村振兴；促进新型服务业态特别是绿色金融、碳交易服务的形成和发展。新的高质量的经济增长点的形成将提高企业、行业和国家的国际竞争力，实现国家在经济增长、社会发展、生态环境保护等多方面的效益提升。

实现碳中和目标将带来中国区域均衡发展的新机遇。中国资源和产业地域间分布不均衡，呈逆向分布态势。东部地区经济总量大，主要是能源资源使用方，依靠自身很难实现碳中和；西部地区可再生资源丰富，碳汇资源丰富，但并未得到充分利用。碳中和催生了东西部跨地域合作的更多可能和机会，有利于加强区域合作，促进东西部均衡发展。

65.碳达峰碳中和将产生多少投资需求？

各机构对中国实现碳中和需要的投资总额估算存在差别，但基本认为，对中国未来40年年均GDP增速贡献将超过2%。清华大学气候变化与可持续发展研究院研究显示，为了实现碳中和，未来30年中国需要新增138万亿元的绿色投资，约是每年GDP的2.5%。清华大学金融与发展研究中心主任马骏研究团队对重庆市实现碳中和的路线图进行了详细测算，结果表明需要投资13万亿元，按重庆市占全国经济总量的比重约2.5%概算，中国需要500多万亿投资来实现碳中和。

能源领域是碳达峰碳中和的重点领域，从以煤炭、石油和天然气为主的化石能源转型到以太阳能、风能、水电、核能、氢能等为主的清洁能源需要巨额投资，同时需要建设电网互联网，大规模、跨区域的电力传输和交易网络，从而能够应用光伏和风电等清洁发电技术、优化清洁能源配置、提升能源系统安全等。全球能源互联网发展合作组织（GEIDCO）估算了实现碳中和的直接和间接投资，认为 2060 年前中国能源系统累计直接投资需求约为 122 万亿元，对未来 40 年每年 GDP 增长的直接贡献率超过 2%。其中，清洁能源的投资占比 47%，能源传输投资占 32%，能源效率投资占 12%，化石能源投资占 9%。

碳中和将在交通、建筑、工业、农业、新材料、负碳排放技术以及相关的信息数字技术等领域产生约 400 万亿元的投资需求。以交通运输业为例，燃油车将被以电动车为主的新能源车完全替代，仅此领域将涉及最少 10 万亿元的市场规模。

城镇化进程的加快，经济社会的全面绿色转型，碳达峰碳中和相关的金融服务、碳交易市场服务等将获得迅猛发展，带来新的投资需求。

识时达变——中国进展篇

引导应对气候变化国际合作，成为全球生态文明建设的重要参与者、贡献者、引领者。

——习近平

中国应对气候变化的体制建设

66. 中国应对气候变化的组织结构是怎样的？

应对气候变化工作覆盖面广、涉及领域众多，为加强统筹协调、形成合力，中国不断强化应对气候变化的组织结构。

1990年，在国务院环境保护委员会下设国家气候变化协调小组，由时任国务委员宋健担任组长，办公室设在中国气象局，中国气象局作为中国政府参与IPCC的联系机构。1998年，设立国家气候变化对策协调小组，由时任国家发展计划委员会主任曾培炎任组长，办公室由中国气象局移至国家计划委员会。2003年，成立新一届国家气候变化对策协调小组，由时任国家发展和改革委员会主任马凯担任组长。2007年6月12日，成立了由国务院总理任组长，30个相关部委为成员的国家应对气候变化及节能减排工作领导小组，各省（区、市）均成立了省级应对气候变化及节能减排工作领导小组。2008年，国家发展改革委新设应对气候变化司。2010年成立国家应对气候变化领导小组协调联络办公室。2018年4月，调整相关部门职能，由新组建的生态环境部负责应对气候变化工作，强化了应对气候变化与生态环境保护的协同。2018年7月和2019年10月，国务院两次调整国家应对气候变化及节能减排工作领导小组成员，国务院总理李克强担任组长，成员包括30个部门的主要负责同志。

2021年，为指导和统筹做好碳达峰碳中和工作，成立碳达峰碳中和工作领导小组，各省（区、市）陆续成立碳达峰碳中和工作领导小组，加强地方碳达峰碳中和工作统筹。2021年5月26日，碳达峰碳中和工作领导小组第一次全体会议在北京召开，这是碳达峰碳中和工作领导小组的首次亮相，标志着中国"双碳"工作又迈出重要一步。领导小组部门成员包括财政部、科技部、国家发改委、生态环境部、住房和城乡建设部、工业和信息化部、自然资源部、交通运输部、商务部、国家市场监督管理总局、国资委、全国政协人口资源环境委员会、国家统计局、国家税务总局、中国人民银行、中国银行保险监督管理委员会、教育部、国家能源局、中国气象局、国家林业和草原局等，充分显示出碳达峰碳中和任务的长期艰巨性和涉及行业部门的广泛性。

碳达峰碳中和工作领导小组的主要职能是统筹协调，加强党中央对碳达峰、碳中和工作的集中统一领导，对碳达峰相关工作进行整体部署和系统推进。具体包括：加强统筹协调，督促将各项目标任务落实落细；强化责任落实，着力抓好各项任务落实，确保政策到位、措施到位、成效到位；严格监督考核，逐步建立系统完善的碳达峰碳中和综合评价考核制度，加强监督考核结果应用，对碳达峰工作成效突出的地区、单位和个人按规定给予表彰奖励，对未完成目标任务的地区、部门依规依法实行通报批评和约谈问责。

67. 中国参与气候变化国际交流与合作方面进展如何？

中国在应对气候变化国际交流与合作中已取得积极成效。中国秉持构建人类命运共同体理念，坚持多边主义和共同但有区别的责任原则，坚持全面有效落实《联合国气候变化框架公约》和《巴黎协定》，致力于推动建立公平合理、合作共赢的全球气候治理体系，促进全球向绿色低碳、气候适应型和可持续发展转型。

习近平主席多次在重要会议和活动中阐释中国的全球气候治理主张，积极推动气候变化协调与合作，气候变化高层外交不断加强，增强了全球气候治理凝聚力。2015年11月30日，习近平主席出席巴黎气候大会并发表题为《携手构建合作共赢、公平合理的气候变化治理机制》的重要讲话，为推动达成《巴黎协定》提供了强大的政治动力。中国第一批签署《巴黎协定》，在2016年二十国集团（G20）杭州峰会前批准加入《巴黎协定》，为《巴黎协定》的快速签署和生效作出了积极贡献。2020年9月，习近平主席在第七十五届联合国大会一般性辩论上宣布中国将提高国家自主贡献力度，二氧化碳排放力争于2030年前达到峰值，努力争取2060年前实现碳中和，彰显了中国愿为全球应对气候变化作出新贡献的明确态度。2020年12月，习近平主席在气候雄心峰会上进一步宣布到2030年中国二氧化碳减排、非化石能源发展、森林蓄积量提升等一系列新目标。2021年10月，习近平主席出席《生物多样性公约》第十五次缔约方大会领导人峰会并发表主旨讲话，强调为推动实现碳达峰、碳中和目标，中国将陆续发布重点领域和行业碳达峰实施方案和一系列支撑保障措施，展示了中国脚踏实地落实国家自主贡献目标的行动力。

在坚持多边主义和共同但有区别的责任原则基础上，中国与多国开展了各种形式的国际气候交流与合作。中国与美国、欧盟、德国、法国、挪威、印度、巴西、南非、加拿大、新西兰等通过发表联合声明、签署合作备忘录等方式，推动更多国家开展应对气候变化国际合作，加强气候行动，全面深入落实《巴黎协定》。中国秉持"授人以渔"理念，积极同广大发展中国家开展多种形式的应对气候变化南南务实合作，包括援建成套项目、开展技术援助、开展减缓和适应气候变化项目、赠送低碳节能环保物资和监测预警设备、开展人力资源开发合作、组织应对气候变化南南合作培训班等，为最不发达国家、小岛屿国家和非洲国家等发展中国家提供了应对气候变化的资金、技术和能力支持。

中国还广泛开展了与世界银行、亚洲开发银行、亚洲基础设施投资银行、新开发银行、联合国开发计划署、全球环境基金、绿色气候基金等国际金融机构和国际组织的应对气候变化务实合作。

68. 中国是如何将应对气候变化与经济社会发展规划相结合的？

气候变化已成为中国经济社会发展规划不可或缺的重要组成部分。

2007 年 6 月，国务院发布《中国应对气候变化国家方案》，首次明确了将应对气候变化纳入国民经济和社会发展的总体规划之中。该方案是我国第一部全面的应对气候变化的政策性文件，也是发展中国家颁布的第一部应对气候变化国家方案，宣布到 2010 年，实现单位国内生产总值能源消耗比 2005 年降低 20% 左右，相应减缓二氧化碳排放。

"十二五"规划中，气候问题首次单独成章，明确了应对气候变化的重点任务、重要领域和重大工程。《中华人民共和国国民经济和社会发展第十二个五年规划纲要》中首次将碳排放强度指标作为约束性指标纳入，形成了包括碳排放强度、能耗强度、非化石能源消费占比等在内的应对气候变化目标体系。"十二五"时期，围绕应对气候变化开展了能源双控、低碳省市试点、碳交易试点、碳排放强度目标责任制等多个层面的制度探索。

"十三五"时期，"十二五"时期的能源和应对气候变化多维目标指标体系进一步延续，能源双控制度进一步强化。

2017 年，单位 GDP 二氧化碳排放下降率首次纳入《中华人民共和国国民经济和社会发展统计公报》和《绿色发展指标体系》。

2021 年 3 月 15 日，中央财经委员会第九次会议明确提出要把碳达峰碳中和纳入生态文明建设整体布局。

"十四五"规划和 2035 年远景目标纲要中，将"2025 年单位 GDP 二氧化碳排放较 2020 年降低 18%"作为约束性指标。建立应对气候变化目标分解落实机制，并在综合考虑各省（区、市）发展阶段、资源禀赋、战略定位、生态环保等因素的基础上，分类确定省级碳排放控制目标，对省级政府开展控制温室气体排放目标责任进行考核，将其作为各省（区、市）主要负责人和领导班子综合考核评价、干部奖惩任免等重要依据。省级政府对下一级行政区域控制温室气体排放目标责任也将开展相应考核，确保应对气候变化与温室气体减排工作落地见效。加快构建碳达峰碳中和"1+N"政策体系，能源、工业、城乡建设、交通运输、农业农村、科技、财政、金融、价格、碳汇、环境、生态等部门、领域和行业都将编制碳达峰行动或保障方案，气候变化、碳达峰碳中和全面融入国民经济社会发展各个层面。

69. 中国应对气候变化的国际角色是如何定位的？

中国应对气候变化的国际角色经历了科学认知、主动参与、维护权益、协同发展和积极引领五个阶段。

科学认知阶段。1990 年之前，气候变化在中国主要是科学研究问题，尚未引起全社会的广泛关注。对气候变化的认知重点是气象灾害及风险防范。这一阶段的研究为认识气候变化对中国的影响奠定了科学基础。

主动参与阶段。1990 年，联合国成立了气候变化谈判委员会，着手就气候变化国际条约的谈判准备工作，中国政府同年在国务院环境保护委员会下设立国家气候变化协调小组，主动参与到气候变化科学评估报告和谈判进程中。1992 年，中国政府签署《联合国气候变化框架公约》，是最早的 10 个缔约方之一。中国的主动参与是其后气候谈判中获得话语权和主动权的重要政治基础。

维护权益阶段。1997 年，公约第三次缔约方会议在日本京都举行，经过艰苦谈判达成《京都议定书》，谈判的主要焦点是西方国家要求发展中国家自愿承诺减排，在发展中国家的坚决抵制下，最终仅为发达国家规定了有法律约束力的量化减排指标。气候问题已经超越科学范畴，成为发展问题。坚持共同但有区别的责任原则，反对将发展中国家的自愿承诺提上议程，拒绝任何形式的减排承诺，争取发展权益，是这一时期中国政府参与国际气候谈判的重要原则，也因此获得了短暂的发展时间。

协同发展阶段。《京都议定书》需要55个公约缔约方批准，且其中附件一国家（发达国家）1990年温室气体排放量需占全部附件一国家排放量的55%以上才能生效。而占排放量36.1%的美国虽然在1998年签署了《京都议定书》，但在2001年以"减少温室气体排放会影响美国经济发展"和"发展中国家也应该承担减排和限排温室气体的义务"为借口拒绝核准，使《京都议定书》的生效步履维艰。因为在议定书中规定了清洁发展机制，由发达国家提供资金和技术在发展中国家实现的减排额度可以计入发达国家的减排额度，中国和印度协调后，表示要共同积极推动，最终于2002年8月31日向联合国递交了核准书，对议定书的最终生效起到了重要推动作用。其后漫长而艰苦的气候谈判中，碳作为新的国际商品的经济地位逐步确立，核算方法、交易机制日益清晰，气候变化的发展战略意义、全球政治战略意义不断凸显。协同发展，将应对气候变化纳入发展战略和规划中成为必然选择。

积极引领阶段。2014年，在亚太经合组织领导人非正式会议期间，中美双方共同发表《中美气候变化联合声明》，开启了中国积极引领应对气候变化国际进程的新阶段。2016年，在二十国集团领导人峰会上，中美两国元首共同提交了《巴黎协定》批准文书。2017年，在中国共产党第十九次全国代表大会上，习近平总书记明确提出中国要引导气候变化的国际合作，成为全球生态文明建设的重要参与者、贡献者和引领者。2020年，习近平主席在第七十五届联合国大会一般性辩论上代表中国承诺"将提高国家自主贡献力度，努力争取2060年前实现碳中和"，初步建立了中国话语权，进一步彰显了中国应对气候变化的贡献和担当。

70. 中国建立了怎样的碳排放强度考核制度？

为落实我国二氧化碳排放降低目标，2014年5月，国务院办公厅下发《国务院办公厅关于印发2014—2015年节能减排低碳发展行动方案的通知》，明确要求各省（区、市）要严格控制本地区能源消费增长，严格实施单位GDP二氧化碳排放强度降低目标责任考核。同年8月，国家发改委印发《单位国内生产总值二氧化碳排放降低目标责任考核评估办法》，首次正式将二氧化碳排放强度降低指标完成情况纳入了各地区（行业）经济社会发展综合评价体系和干部政绩考核体系，意味着控制温室气体排放在政府工作中的位置得到了进一步提升，二氧化碳排放强度等约束性指标逐渐成为规划、工作方案中以及政府考核中的主要发展目标。碳排放强度考核工作与国民经济和社会发展五年规划相对应，五年为一个考核评估期，采用年度考核评估和期末考核评估相结合的方式进行。在考核评估期的每年下半年开展上年度考核，在考核评估期结束后的第二年下半年开展期末考核。考评结果作为对各省（自治区、直辖市）人民政府领导班子和相关领导干部综合考核评价的重要内容。对考核评估结果为优秀的省级人民政府，国务院予以通报表扬，有关部门在相关项目安排上优先予以考虑。考核评估结果为不合格的省级人民政府，要在考核评估结果公告后一个月内，向国务院做出书面报告，提出限期整改措施；对在考核评估工作中瞒报、谎报情况的地区，予以通报批评；对因失职渎职等整改不到位造成严重后果的，移交监察机关依法依纪追究该地区有关责任人员的责任。

碳达峰碳中和的中国行动进展

71. 中国碳排放现状如何?

中国控制温室气体排放工作进展显著。能源结构优化、实施能源消费总量和强度"双控"、淘汰落后产能、推进实施煤电节能环保改造等多元举措并举,初步建立了低碳能源体系;推动新能源汽车、新能源和节能环保等绿色低碳产业成为支柱产业,大力推动信息技术、高端装备等战略性新兴产业快速发展,产业结构调整步伐加快;推动重点行业企业开展碳排放对标活动,强化电力、钢铁、建材、化工等重点行业能源消费及碳排放目标管理,重点行业排放得到有效控制;原料替代、改善生产工艺、改进设备使用等措施有效减少了工业过程温室气体排放;加快推进畜禽养殖废弃物资源化利用,开展有机肥替代化肥,促进化肥农药减量增效,推进农业温室气体减排。绿色低碳理念融入城乡建设、建筑、交通、公共机构等领域和部门发展规划和行动计划中。

碳排放强度显著下降。2020 年单位 GDP 碳排放较 2015 年下降 18.8%,超额完成"十三五"约束性目标,较 2005 年累计下降 48.4%,超额完成中国向国际社会承诺的到 2020 年下降 40% — 45% 的目标;累计少排放二氧化碳约 58 亿吨,基本扭转了二氧化碳排放快速增长的局面;单位工业增加值二氧化碳排放量比 2015 年下降约 22%。非二氧化碳温室气体排放也得到控制。中国自 2014 年起对三氟甲烷(HFC-23)的处置给予财政补贴,截至 2019 年共支付补贴约 14.17 亿元,累计削减 6.53 万吨三氟甲烷,相当于减排 9.66 亿吨二氧化碳当量。

72. 中国设定的温室气体排放目标是什么？

2007年6月，中国政府发布《中国应对气候变化国家方案》，提出了到2010年中国应对气候变化的总体目标：国内生产总值能源消耗比2005年降低20%左右，力争使可再生能源开发利用总量在一次能源供应结构中的比重提高到10%左右，煤层气抽采量达到100亿立方米，力争使工业生产过程的氧化亚氮排放稳定在2005年的水平上，努力实现森林覆盖率达到20%。

2009年12月，中国首次对外宣布控制温室气体排放目标：到2020年单位国内生产总值二氧化碳排放比2005年下降40%—45%，并将其作为约束性指标纳入国民经济和社会发展中长期规划；非化石能源占一次能源消费的比重达到15%左右，森林面积和蓄积量分别比2005年增加4000万公顷和13亿立方米。

从碳排放强度及其变化来看，截至2019年底，我国碳排放强度较2015年下降18.2%，提前完成"十三五"时期提出的约束性目标；与2005年相比，碳排放强度降低48.1%，非化石能源占能源消费比重达到15.3%，均已经提前完成了中国向国际社会承诺的2020年目标，并且基本扭转了二氧化碳排放总量快速增长的局面。进入"十四五"时期，单位GDP二氧化碳排放到2025年累计减少18%被作为约束性目标要求纳入"十四五"规划和2035年远景目标纲要。

73. 中国向国际社会承诺的自主贡献目标有哪些？

中国始终是全球气候治理的拥护者，并不断强化自主贡献目标。

2015年6月，中国政府提交了《强化应对气候变化行动——中国国家自主贡献》，提出了到2030年的自主行动目标：二氧化碳排放2030年左右达到峰值并争取尽早达峰，碳强度比2005年下降60%—65%，非化石能源占一次能源消费比重达到20%左右，森林蓄积量比 2005 年增加 45 亿立方米左右。

2020 年，中国宣布国家自主贡献新目标举措；2021 年，中国政府提交了《中国落实国家自主贡献成效和新目标新举措》，提出了新的国家自主贡献目标：二氧化碳排放力争于 2030 年前达到峰值，努力争取 2060 年前实现碳中和。到 2030 年，中国单位国内生产总值二氧化碳排放将比 2005 年下降 65% 以上，非化石能源占一次能源消费比重将达到 25% 左右，森林蓄积量将比 2005 年增加 60 亿立方米，风电、太阳能发电总装机容量将达到 12 亿千瓦以上。同时，宣布不再新建境外煤电项目。

74. 中国碳达峰碳中和领域的制度建设进展如何？

战略规划层面，碳达峰碳中和已经纳入国民经济社会发展规划和生态文明建设整体布局，国家、地方政府、部门各层面的五年规划和中长期规划中均有相关内容。单位 GDP 二氧化碳下降率作为约束性指标纳入"十三五"规划、"十四五"规划和 2035 年远景规划纲要中。2016 年，国务院发布的《"十三五"控制温室气体排放工作方案》明确了低碳发展和控制温室气体排放的目标、任务、要求和各部门分工。能源、工业、住建、交通、农林、水利等领域和省级地方政府也分别编制了相关规划。

目标落实层面，建立了碳排放控制目标分解落实机制。基于发展阶段、资源禀赋、战略定位、生态环保等因素，中国对各省（区、市）分类确定了"十三五"省级碳排放下降控制目标。北京、天津、河北、上海、江苏、浙江、山东、广东碳排放强度下降目标为 20.5%；福建、江西、河南、湖北、重庆、四川为 19.5%；山西、辽宁、吉林、安徽、湖南、贵州、云南、陕西为 18%；内蒙古、黑龙江、广西、甘肃、宁夏为 17%；海南、西藏、青海、新疆为 12%。

行政考核层面，在省级层面建立了碳排放控制目标责任考核制。国家对省级政府开展控制温室气体排放目标责任考核，将其作为各省（区、市）主要负责人和领导班子综合考核评价、干部奖惩任免等重要依据。大部分省级政府对下一级行政区域控制温室气体排放目标责任也开展相应考核。

市场机制层面，初步构建了从碳排放权配额总量设定和分配到温室气体排放报告、核查、登记结算、交易活动等配套管理制度在内的全国碳排放权交易市场制度体系。2020 年 12 月 30 日，生态环境部发布《2019—2020 年全国碳排放权交易配额总量设定与分配实施方案（发电行业）》；2021 年 5 月 14 日，发布《碳排放权登记管理规则（试行）》《碳排放权交易管理规则（试行）》和《碳排放权结算管理规则（试行）》，规范了全国碳排放权登记、交易、结算活动。2021 年 6 月 22 日，上海环境能源交易所发布《关于全国碳排放权交易相关事项的公告》，明确了交易细节等相关事项。

75. 中国在能源领域的调整进展如何？

中国低碳能源体系建设已初见成效。

煤炭消费占比明显下降，非化石能源占比大幅提升，清洁能源发电快速发展，能源结构优化取得显著成效。2016 年，国家发展改革委和国家能源局联合印发《能源生产和消费革命战略（2016—2030）》，提出了推动能源消费、供给、技术和体制革命、加强全方位国际合作的能源发展战略和行动计划，实施能源双控、可再生能源配额等制度，能源低碳发展理念基本确立。2020 年，中国非化石能源占能源消费总量比重提高到 15.9%，比 2005 年大幅提升了 8.5 个百分点；非化石能源发电装机总规模达到 9.8 亿千瓦，占总装机的比重达到 44.7%，其中，风电、光伏、水电、生物质发电、核电装机容量分别达到 2.8 亿千瓦、2.5 亿千瓦、3.7 亿千瓦、2952 万千瓦、4989 万千瓦，光伏和风电装机容量较 2005 年分别增加了 3000 多倍和 200 多倍。2015—2019 年，可再生能源累计投资达到 24506 亿元。2021 年 1 月，国家能源集团国华电力锦界电厂建成国内最大规模的每年 15 万吨二氧化碳捕集和封存全流程示范工程。

"十三五"期间实施能源消费总量和强度"双控"，从强化目标约束、政策引领、加强节能管理和制度建设以及深入推进重点领域节能等多个方面全面推进节能工作，能耗强度显著降低。2011—2020 年中国能耗强度累计下降 28.7%，以年均 2.8% 的能源消费量增长支撑了年均 5.7% 的经济增长，节约能源占同时期全球节能量的一半左右。

积极推动煤炭供给侧结构性改革，化解煤炭过剩产能，淘汰煤炭、煤电落后产能，推进实施煤电节能环保改造。积极推动煤炭供给侧结构性改革，化解煤炭过剩产能，推动煤电行业清洁高效高质量发展。2014 年 9 月，国家发展改革委、生态环境部（原环境保护部）、国家能源局印发了《煤电节能减排升级与改造行动计划（2014—2020 年）》。2016—2019 年，淘汰火电产能 3000 万千瓦以上。制定煤电节能改造目标任务，截至 2019 年，火电厂平均供电标准煤耗已降至 306.4 克/千瓦时，比 2005 年下降 63.6 克/千瓦时，煤电机组供电煤耗继续保持世界先进水平。2019 年，全国火电仅因供电煤耗下降就比 2005 年相对减排二氧化碳 8.6 亿吨。

76. 中国产业结构是如何优化调整的？

优化产业结构，大力发展低碳产业。推动新能源汽车、新能源和节能环保等绿色低碳产业成为支柱产业，大力推动信息技术、高端装备等战略性新兴产业快速发展。2019 年中国服务业占 GDP 比重达到 54.3%，比 2015 年提高 3.5 个百分点，高于第二产业 15.7 个百分点；高技术制造业和装备制造业增加值占规模以上工业增加值比重分别达到 14.4% 和 32.5%，较 2015 年分别增加 2.6 个和 0.7 个百分点。2016 年以来，中国持续严格控制高耗能产业扩张，依法依规淘汰落后产能，加快化解过剩产能，到 2018 年底化解钢铁过剩产能 1.5 亿吨以上，提前两年超额完成"十三五"目标。2019 年，中国开始实施《绿色产业指导目录（2019 年版）》，将政策和有限的资金引导到对推动绿色发展最关键的产业上。

推进工业低碳发展，有效控制重点行业排放。实施低碳标杆引领计划，推动重点行业企业开展碳排放对标活动，强化电力、钢铁、建材、化工等重点行业能源消费及碳排放目标管理，推行绿色制造，推进工业绿色化改造。组织实施国家重大工业专项节能监察，"十三五"期间累计监察高耗能企业 2.3 万余家，实现钢铁、水泥、平板玻璃、电解铝等高耗能行业全覆盖，推动企业依法依规合理用能。开展工业节能诊断服务行动，组织 400 余家机构为 1.4 万家工业企业提供节能诊断服务。加快推广应用高效节能装备产品，组织实施电机、变压器等通用设备能效提升行动，发布国家工业节能装备推荐目录和"能效之星"产品目录，向社会推荐千余种先进节能装备、产品。初步核算，2019 年单位工业增加值二氧化碳排放量比 2015 年下降约 18%。

77. 中国建材工业碳减排进展如何？

根据中国建筑材料联合会发布的《中国建筑材料工业碳排放报告（2020 年度）》数据，中国建筑材料工业 2020 年二氧化碳排放 14.8 亿吨，比 2019 年上升 2.7%；其中，燃料燃烧过程排放同比上升 0.7%，工业生产过程排放同比上升 4.1%；燃烧过程排放中，煤和煤制品、石油制品和天然气燃烧排放同比上升分别为 0.6%、1.4% 和 1%。建筑材料工业万元工业增加值二氧化碳排放（2015 年价格）比上年上升 0.2%，比 2005 年下降 73.8%。

从排放构成看，2020 年水泥工业二氧化碳排放 12.3 亿吨，同比上升 1.8%，其中煤燃烧排放同比上升 0.2%，工业生产过程排放同比上升 2.7%；石灰石膏工业二氧化碳排放 1.2 亿吨，同比上升 14.3%，其中煤燃烧排放同比上升 5.5%，工业生产过程排放同比上升 16.6%；墙体材料工业二氧化碳排放 1322 万吨，同比上升 2.5%，其中煤燃烧排放同比上升 2.4%；建筑卫生陶瓷工业二氧化碳排放 3758 万吨，同比下降 2.7%，其中煤燃烧排放同比下降 4.2%，天然气燃烧排放同比下降 2.1%，焦炉煤气燃烧排放同比上升 21.4%，高炉煤气燃烧排放同比上升 58.4%，发生炉煤气燃烧排放同比下降 95.4%；建筑技术玻璃工业二氧化碳排放 2740 万吨，同比上升 3.9%，其中天然气燃烧排放同比上升 4.2%，石油焦燃烧排放同比上升 1.9%，燃料油燃烧排放同比下降 48.1%，焦炉煤气燃烧排放同比上升 1.6%。

总体来看，2014 年以后，建筑材料工业碳排放基本保持在 14.8 亿吨以下波动，主要节能减排措施包括：

能源结构优化。全行业年煤炭消耗从高峰时期占比 70% 以上减少到约 56.0%，实现二氧化碳减排近 1 亿吨；天然气消耗占比 5.0%，已成为玻璃、玻纤行业的第一燃料，陶瓷行业的主要燃料；用电量接近 3500 亿千瓦时，占比 29.9%。

产业结构调整，特别是高能耗高碳排放行业的结构调整。墙体材料行业曾是建材工业中仅次于水泥的高能耗高碳排放行业，2015 年以后加快产业结构调整步伐，能耗、煤耗、二氧化碳排放下降到高峰期的 21%、8%、9%，二氧化碳排放量从高峰期的 1.5 亿吨减少到 1322 万吨。

技术进步。在能耗和碳排放最高的水泥行业，通过普及新型干法水泥技术工艺、提升生产技术装备水平、淘汰落后产能等措施，实现了低能耗增长下的增产。2005 年到 2014 年，水泥产量增长 133%，煤炭消耗仅上升 46%，二氧化碳排放量平均每年减少约 2000 万吨。

78. 中国城乡建设和建筑领域碳减排进展如何？

中国城乡建设和建筑领域控制温室气体排放行动在不断推进。

一是优化国土空间开发保护格局。国土空间规划编制以资源环境承载能力和国土空间开发适宜性评价为基础，科学研判、积极应对气候变化挑战，整体谋划新时代国土空间保护开发格局，指导和推动各地开展新型城镇化建设，规划建设节能低碳城市，实施乡村振兴战略，以绿色发展引领乡村振兴，促进生产空间集约高效、生活空间宜居适度、生态空间山清水秀。

二是建设节能低碳的城市基础设施。推动各地创新规划理念，改进规划方法，以人为本、尊重自然、传承历史、绿色低碳等理念融入城市规划全过程。2015 年以来，将 58 个城市列为"生态修复城市修补"试点城市，提高城市的可持续性和宜居性。2019 年全国城市建成区绿地率、绿化覆盖率分别达到 37.63%、41.51%，城市人均公园绿地面积达到 14.36 平方米，城市生态和人居环境不断改善。

三是推广绿色建筑。逐步完善标准体系，修订国家标准《绿色建筑评价标准》，创新重构绿色建筑评价标准体系；引导 25 个省市出台地方绿色建筑评价标准；10 余个省市出台绿色建筑设计标准，在新建建筑中全面推广绿色建筑。有序推进立法工作，河北、辽宁、江苏、浙江、宁夏、内蒙古等 6 省（区）先后颁布地方绿色建筑条例，江西、青海、山东等地颁布绿色建筑政府规章。不断加大绿色建筑发展的政策扶持力度，部分省市出台了优惠的财政金融政策；开展推动绿色金融支持绿色建筑发展试点工作；2015 年，中央财政安排 8.75 亿元补助资金，支持东北、西北、华北等地 35 万户贫困农户结合农村危房改造开展建筑节能示范，对墙体、屋面、门窗等围护结构进行节能改造。截至 2019 年底，全国城镇当年新建绿色建筑占新建民用建筑比例达到 65%，全国城镇累计建设绿色建筑面积超过 50 亿平方米，全国获得绿色建筑评价标识的项目达到 2 万余个。

四是提升终端用能产品的能效水平。2015 年以来，稳步推进各项家用电器的能效标准制度和能效标识制度，产品范围由家用电器逐步扩展到照明电器、商用产品等。通过节能产品政府采购、节能产品惠民工程、能效"领跑者"等制度，推动高能效产品的推广应用，大幅提升了终端用能产品整体能效水平。

五是加快中国北方地区清洁供暖。北方采暖地区各省（区、市）出台了有针对性的清洁取暖方案，改善采暖用能结构，提高城乡新建建筑围护结构保温水平，提升农村建筑保温效果。2018年采暖季，北方地区城镇供暖综合能耗强度从 2015 年的 17 千克标准煤／平方米下降到 14.6 千克标准煤／平方米。到 2019 年，北方地区清洁取暖率约 55%，替代散烧煤（含低效小锅炉用煤）1.4亿吨。

79. 中国在低碳交通方面取得了哪些进展？

中国低碳交通体系加快形成：一是完善绿色交通制度和标准。不断完善交通运输节能环保、控制温室气体排放、生态文明建设等制度保障，发布了《绿色交通标准体系（2016 年）》，在节能减碳、生态保护、污染防治、资源循环利用、检测、评定与监管等方面纳入了 221 项标准。二是建设城市低碳交通系统。截至 2020年，共有 44 个城市开通运营城市轨道交通线路，运营里程 7545.5公里。城市公共交通机动化出行分担率稳步提高，舒适度不断提升。慢行交通系统得到较快发展，360 多个城市开展了互联网租赁自行车服务，注册用户超过 3 亿。大力推广城市交通清洁低碳化，截至 2019 年底，全国新能源公交车保有量超过 40 万辆，深圳市公交车和太原市出租车已全部采用纯电动车辆。三是优化交通运输结构。调整运输结构，减少公路运输量，增加铁路和水路运输量，是中国实现交通低碳发展的重要举措。以大宗货物运输"公转铁""公转水"为主要方向，不断完善综合运输网络，切实提高运输组织水平，减少公路运输量。2016—2019 年，铁路货物发送量从 33.32 亿吨增长至 43.89 亿吨，年均增长率达 10.2%，同期的公路货物发送量年均增长率则为 8.1%。

80. 中国在增加生态碳汇方面取得了哪些进展？

人类生产生活不可能实现完全零碳排放，仅依靠碳减排不能实现碳中和，必须以碳汇吸收和储存二氧化碳。根据《全球碳收支报告 2020》，2010—2019 年，陆地生态系统和海洋生态系统累计吸收了人为碳排放的 57%。增加生态碳汇，是实现碳中和的必须举措。

中国出台了一系列国土空间规划、生态系统保护和修复等规划和制度体系，为增加"双碳"碳汇建立了制度保障。包括 2019 年发布的《关于建立国土空间规划体系并监督实施的若干意见》《关于建立以国家公园为主体的自然保护地体系的指导意见》，2020 年发布的《全国重要生态系统保护和修复重大工程总体规划（2021—2035 年）》《山水林田湖草生态保护修复工程指南（试行）》等。其中，《全国重要生态系统保护和修复重大工程总体规划（2021—2035 年）》以国家生态安全战略格局为基础，突出对国家重大战略的生态支撑，统筹考虑生态系统的完整性、地理单元的连续性和经济社会发展的可持续性，提出了以青藏高原生态屏障区、黄河重点生态区（含黄土高原生态屏障）、长江重点生态区（含川滇生态屏障）、东北森林带、北方防沙带、南方丘陵山地带、海岸带等"三区四带"为核心的全国重要生态系统保护和修复重大工程总体布局，并根据各区域的自然生态状况、主要生态问题，统筹山水林田湖草各生态要素，部署了青藏高原生态屏障区生态保护和修复重大工程等九大工程。

中国坚持多措并举，通过国土绿化工程、水土保持工程、重点区域综合治理工程、生态保护支撑体系工程，海洋、矿山生态修复工程，山水林田湖草生态保护修复、退耕还湿、退圩还湖、全域土地综合整治试点工程等，有效发挥森林、草原、湿地、海洋、土壤、冻土等的固碳作用，持续有效提升了生态系统碳汇能力。根据第三次全国国土调查结果，10 年间生态功能较强的林地、草地、湿地、河流湖泊水面等地类合计净增加 2.6 亿亩。中国是全球森林资源增长最多和人工造林面积最大的国家，根据第九次全国森林资源清查（2014—2018 年）结果，全国森林面积 2.2 亿公顷，森林蓄积量较第八次清查结果增加了 24.23 亿立方米，森林覆盖率从 21.63% 提高到 22.96%，森林植被碳储备量 91.86 亿吨，比第八次清查增加 7.59 亿吨。截至 2020 年底，全国森林面积 2.2 亿公顷，森林覆盖率达到 23.04%，草原综合植被覆盖度达到 56.1%，湿地保护率达到 50% 以上，森林植被碳储备量 91.86 亿吨，建立国家级自然保护区 474 处，面积 98.61 万平方千米。研究数据表明，2010—2016 年，中国陆地生态系统年均吸收约 11.1 亿吨碳，吸收了同时期人为碳排放的 45%。

81. 中国碳捕集、利用与封存（CCUS）技术发展现状如何？

碳捕集、利用与封存（CCUS）是国际公认的重要减碳途径。CCUS 技术，即把生产过程中排放的二氧化碳进行捕获、提纯，继而投入到新的生产过程中进行循环再利用或封存的一种技术。主要由四个环节组成：捕集、运输、利用、封存。

根据《中国二氧化碳捕集、利用与封存（CCUS）年度报告（2021）》，中国 CCUS 技术整体处于工业示范阶段，受技术成本限制，现有示范项目规模较小，缺少大规模的、多种技术组合的全流程工业化示范。已投运或建设中的 CCUS 示范项目约有 40 个，分布在 19 个省份，以石油、煤化工、电力行业小规模的捕集驱油示范为主，捕集能力 300 万吨 / 年。

中国已具备大规模捕集利用与封存二氧化碳的工程能力，正在筹备全流程 CCUS 产业集群。国家能源集团鄂尔多斯 CCS 示范项目已成功开展了 10 万吨 / 年规模的 CCS 全流程示范；中石油吉林油田 EOR 项目是全球正在运行的 21 个大型 CCUS 项目之一，也是亚洲最大的 EOR 项目。

中国 CCUS 技术项目具有多样化特征。捕集源覆盖燃煤电厂的燃烧前、燃烧后和富氧燃烧捕集，燃气电厂的燃烧后捕集，煤化工的二氧化碳捕集以及水泥窑尾气的燃烧后捕集等。封存利用涉及咸水层封存、EOR、驱替煤层气、二氧化碳矿化利用、二氧化碳合成可降解聚合物、重整制备合成气和微藻固定等多种方式。

随着技术的发展，CCUS 技术成本未来有较大下降空间。预期到 2030 年，中国全流程 CCUS 技术成本为 310—770 元 / 吨二氧化碳，到 2060 年，将逐步降至 140—410 元 / 吨二氧化碳。

82. 中国低碳省市建设进展如何？

中国低碳省市建设已全面进入各省市经济社会发展战略规划中。所有省市在 2021 年的政府工作报告中都突出了抓紧制定碳达峰行动方案，部分省市已完成"十四五"规划的编制工作，在规划中均将碳达峰碳中和作为重点规划内容。

低碳省市，指在省域或城市中实行低碳经济，包括低碳生产和低碳消费，建立资源节约型、环境友好型社会，建设一个良性的可持续的能源生态体系。

国家发展改革委于 2010 年 7 月 19 日发布《关于开展低碳省区和低碳城市试点工作的通知》，先后启动了三批国家低碳城市试点工作。2010 年公布的第一批国家低碳省区和低碳城市试点包括广东、辽宁、湖北、陕西、云南和天津、重庆、深圳、厦门、杭州、南昌、贵阳、保定共 5 省 8 市；2012 年公布的第二批试点包括北京、上海、海南和石家庄、秦皇岛、晋城、呼伦贝尔、吉林、大兴安岭地区、苏州、淮安、镇江、宁波、温州、池州、南平、景德镇、赣州、青岛、济源、武汉、广州、桂林、广元、遵义、昆明、延安、金昌、乌鲁木齐共 1 省 28 市；2017 年公布的第三批试点包括乌海、沈阳、大连、朝阳、逊克县、南京、常州、嘉兴、金华、衢州、合肥、淮北、黄山、六安、宣城、三明、共青城、吉安、抚州、济南、烟台、潍坊、长阳土家族自治县、湘潭、郴州、长沙、株洲、中山、柳州、三亚、琼中黎族苗族自治县、成都、玉溪、普洱市思茅区、拉萨、安康、兰州、敦煌、西宁、银川、吴忠、昌吉、伊宁、和田、第一师阿拉尔共 45 个城市（区、县）。截至目前，已开展了 3 批共 87 个低碳省市试点，其中 82 个试点省市提出达峰目标，提出在 2020 年和 2025 年前达峰的各有 18 个和 42 个。上海提出率先达峰，并给出了 2025 年达峰的明确时间表。

中国的低碳城市试点选择和实践不是按照绝对的低碳评价标准来开展的，而是综合考虑了各试点的区域代表性、工作基础、工作目标、工作意愿等方面，在不同类型、不同发展阶段、不同产业特征和资源禀赋的地区探索符合国情的绿色低碳发展道路。例如，北京、深圳等代表了已基本完成工业化的发达城市；贵阳、乌鲁木齐、广元等代表了工业化起步阶段的中西部城市；济源代表了原来主要依托高耗能产业发展的资源枯竭型城市，需要加快转型，探索以绿色低碳为导向的新的发展道路。

低碳城市试点已取得积极成效。低碳试点城市发挥了减排引领作用，单位 GDP 二氧化碳排放下降率普遍高于非试点地区，也显著高于全国平均碳强度降幅。通过开展低碳试点，各省市对低碳发展的认识和能力建设得到了明显提升，政府、企业和社会公众的低碳意识提高，为低碳与经济社会发展的协同推进，实现碳中和目标奠定了良好基础；在产业转型、能源转型、技术进步、低碳生活方式引导等方面积累了一批好的、有特色的和有创新性的做法和经验。低碳城市试点也暴露了一些问题，包括考核依赖、能源和碳排放统计数据基础薄弱等。

83. 中国碳市场建设进展如何？

全国碳排放权交易市场（简称全国碳市场）利用市场机制控制和减少温室气体排放，是落实中国二氧化碳排放达峰目标与碳中和愿景的重要政策工具。

中国已初步构建起全国碳市场制度体系，为碳市场建设提供了重要制度保障。2017年12月，国家发展改革委印发《全国碳排放权交易市场建设方案（发电行业）》。2020年12月，生态环境部出台《碳排放权交易管理办法（试行）》。2021年3月，生态环境部办公厅发布《企业温室气体排放报告核查指南（试行）》和《碳排放权交易管理暂行条例（草案修订稿）》。2021年5月，生态环境部发布《碳排放权登记管理规则（试行）》《碳排放权交易管理规则（试行）》《碳排放权结算管理规则（试行）》。

实践方面，中国从2011年10月开始碳排放权交易地方试点工作，2013年起，北京、天津、上海、重庆、广东、湖北、深圳7个省（市）试点碳市场陆续开始上线交易，覆盖了电力、钢铁、水泥20多个行业近3000家重点排放单位。经过十年试点，2021年7月16日，全国碳市场正式开市交易。纳入发电行业重点排放单位2162家，覆盖约45亿吨二氧化碳排放量，成为全球规模最大的碳市场。截至2021年9月30日，全国碳市场碳排放配额累计成交量约1765万吨，累计成交金额约8.01亿元，市场运行总体平稳有序。

中国于2012年建立了温室气体自愿减排交易机制，以调动全社会自觉参与碳减排活动的积极性。截至2021年9月30日，自愿减排交易累计成交量超过3.34亿吨二氧化碳当量，成交额超过

29.51 亿元，国家核证自愿减排量（CCER）已被用于碳排放权交易试点市场配额清缴抵销或公益性注销，有效促进了能源结构优化和生态保护补偿。

84. 针对限制"两高"项目准入提出了哪些要求？

坚决遏制"两高"项目盲目发展是推动经济社会发展全面绿色转型的必要举措。2021 年以来，中央有关部门已明确表示，要加大对"两高"项目的管控力度。1 月 21 日，全国生态环境保护工作会议提出，要从严从紧从实控制高能耗、高排放项目上马。5 月 31 日，生态环境部印发《关于加强高耗能、高排放建设项目生态环境源头防控的指导意见》，明确了加强生态环境分区管控和规划约束、严格"两高"项目环评审批、推进"两高"行业减污降碳协同控制等方面的任务，要求严把新建、改建、扩建高耗能、高排放项目的环境准入关，新建、改建、扩建"两高"项目须符合生态环境保护法律法规和相关法定规划，满足重点污染物排放总量控制、碳排放达峰目标、生态环境准入清单、相关规划环评和相应行业建设项目环境准入条件、环评文件审批原则要求；石化、现代煤化工项目应纳入国家产业规划；新建、扩建石化、化工、焦化、有色金属冶炼、平板玻璃项目应布设在依法合规设立并经规划环评的产业园区；各级生态环境部门和行政审批部门要严格把关，对于不符合相关法律法规的，依法不予审批；在"两高"项目环评中，率先开展碳排放影响评价试点。国家发展改革委也表示，要进一步强化能耗双控目标责任评价考核，坚决遏制"两高"项目盲目发展。

85. 如何将碳排放纳入环境影响评价体系？

2021 年 5 月 31 日，生态环境部印发《关于加强高耗能、高排放建设项目生态环境源头防控的指导意见》，明确提出将碳排放影响评价纳入环境影响评价体系，要求各级生态环境部门和行政审批部门应积极推进"两高"项目环评开展试点工作，衔接落实有关区域和行业碳达峰行动方案、清洁能源替代、清洁运输、煤炭消费总量控制等政策要求；在环评工作中，统筹开展污染物和碳排放的源项识别、源强核算、减污降碳措施可行性论证及方案比选，提出协同控制最优方案；鼓励有条件的地区、企业探索实施减污降碳协同治理和碳捕集、封存、综合利用工程试点、示范。

86. 中国针对碳捕集、利用与封存（CCUS）技术提出了哪些指导意见？

2011年12月，国务院印发《"十二五"控制温室气体排放工作方案》，首次提出在火电、煤化工、水泥和钢铁行业中开展碳捕集试验项目，建设二氧化碳捕集、驱油、封存一体化示范工程，并对相关人才建设、资金保障和政策支持等方面做出安排。2012年12月印发的《工业领域应对气候变化行动方案（2012—2020年）》，2013年先后印发的《"十二五"国家碳捕集利用与封存科技发展专项规划》《关于推动碳捕集、利用和封存试验示范的通知》，鼓励在煤化工、油气等行业开展针对高纯度二氧化碳排放源进行捕集的示范项目，要求在化工、水泥、钢铁等行业中实施碳捕集、利用与封存一体化示范工程，加快推进拥有自主知识产权的碳捕集与封存技术的示范应用，明确CCUS优化发展方向包括以下方面：大规模、低能耗二氧化碳分离与捕集技术；安全高效二氧化碳输送工程技术；大规模、低成本二氧化碳利用技术；安全可靠的二氧化碳封存技术；大规模二氧化碳捕集、利用与封存技术集成与示范。同时，针对CCUS时间跨度长、涉及范围广、技术类型多、环境风险差异大，以及环境监管基础能力相对薄弱等问题，原环境保护部先后在2013年和2016年发布《关于加强碳捕集、利用和封存试验示范项目环境保护工作的通知》《二氧化碳捕集、利用与封存环境风险评估技术指南（试行）》，明确以下主要任务：对 CCUS 示范项目要加强环境影响评价；积极推进环境影响监测；探索建立环境风险防控体系；推动环境标准规范制定；加强基础研究和技术示范；加强能力建设和国际合作。

87. 中国在碳达峰碳中和支撑保障能力建设方面取得了哪些进展？

中国高度重视应对气候变化基础能力建设，支撑保障体系建设初见成效。

统计支撑体系方面，温室气体排放统计工作机制和核算体系初步确立。成立了由 23 个部门组成的应对气候变化统计工作领导小组，碳达峰碳中和工作领导小组办公室设立碳排放统计核算工作组，建立了以政府综合统计为核心、相关部门分工协作的工作机制。温室气体排放基础统计指标纳入政府统计指标体系和部门统计报表，建立健全了与温室气体清单编制相匹配的基础统计制度。2017 年，单位 GDP 二氧化碳排放下降率首次纳入中华人民共和国国民经济和社会发展统计公报和绿色发展指标体系。

温室气体清单编制逐步常态化和规范化。国家层面，按照《巴黎协定》相关要求，形成了每两年提交一次国家温室气体清单报告的模式，目前已提交了 2010 年、2012 年和 2014 年国家温室气体清单。地方层面，根据国家统一要求，各省、自治区、直辖市编制了 2012 年和 2014 年省级温室气体清单，并于 2018 年开展了交叉评审。推动企业温室气体排放核算和报告，印发 24 个行业企业温室气体排放核算方法与报告指南，组织开展企业温室气体排放报告工作。

金融支撑体系方面，加强顶层设计，强化金融支持绿色低碳转型功能，先后在浙江、江西、广东、贵州、甘肃、新疆等六省（区）九地设立了绿色金融改革创新试验区，引导试验区加快经验复制推广。出台气候投融资综合配套政策，统筹推进气候投融资标准体系建设。发布相关支持项目目录，引导社会资本支持应对气候变化。截至 2020 年末，中国绿色贷款余额 11.95 万亿元，其中清洁能源贷款余额为 3.2 万亿元，绿色债券市场累计发行约 1.2 万亿元，存量规模达 8000 亿元，位居世界第二。

科技创新支撑方面，先后发布了应对气候变化相关科技创新专项规划、技术推广清单、绿色产业目录等，持续开展应对气候变化基础科学研究，强化智库咨询支撑，加强低碳技术研发应用。国家重点研发计划开展了 10 余个应对气候变化科技研发重大专项，推广温室气体削减和利用领域 143 项技术应用，建立了综合性国家级绿色技术交易市场，成立了二氧化碳捕集、利用与封存产业技术创新战略联盟，碳捕集、利用与封存专业委员会等专门机构。

88. 中国在适应气候变化方面进展如何？

中国是全球气候变化的敏感区和影响显著区，由于生态环境、产业结构和社会经济发展水平等方面的原因，适应气候变化的能力普遍较弱，因此，中国始终把主动适应气候变化作为实施积极应对气候变化国家战略的重要内容。

中国在战略层面上明确了适应气候变化的指导思想、原则、目标、重点区域、重点领域和重点任务。2013 年制定了 2020 年前的国家适应变化战略，2020 年启动编制《国家适应气候变化战略 2035》。中国适应气候变化的重点区域包括城市、沿海地区、重点生态功能区、生态脆弱区等，重点领域包括农业、水资源、公众健康等，重点任务包括基础设施、农业、水资源、海岸带和相关海域、森林和其他生态系统、人体健康、旅游业和其他产业等。

中国在各重点区域、领域开展了适应气候变化行动，强化了监测预警和防灾减灾能力，提高了适应气候变化的能力和水平，并在多方面取得积极成效。截至 2020 年底，全国地级及以上城市 2914 个黑臭水体消除比例达到 98.2%；长江流域、环渤海入海河流劣 V 类国控断面基本消除；建成高标准农田约 8391 万亩，完成高效节水灌溉约 2395 万亩，全国农田灌溉水有效利用系数提高到 0.56 以上；华北、西北等旱作区建立了 220 个高标准旱作节水农业示范区，提高了水资源利用效率。"十三五"期间，万元国内生产总值用水量和万元工业增加值用水量分别下降 25% 和 28%，新增水土流失综合治理面积 30 余万平方公里，水土流失面积较 2011 年减少 25.64 平方公里，山水林田湖草生态保护修复工程试点投入超过 500 亿元，提升了生态系统质量和稳定性，累计完成海绵城市建设项目约 3.3 万个，建设沿海防护林带、防潮工程，增强了对极端天气的适应能力。开展气候敏感性疾病防控工作，加强应对气候变化卫生应急保障。建立了全国范围内多种气象灾害长时间序列灾情数据库，完成国家级精细化气象灾害风险预警业务平台建设，建立空天地一体化的自然灾害综合风险监测预警系统，强化了监测预警和防灾减灾能力。

临机应变——迈向未来篇

中国力争于 2030 年前二氧化碳排放达到峰值、2060 年前实现碳中和。实现这个目标，中国需要付出极其艰巨的努力。

——习近平

有关碳达峰碳中和顶层设计

89. 实现碳达峰碳中和应坚持哪些基本原则？

2021 年 10 月 24 日，中共中央、国务院正式公布《关于完整准确全面贯彻新发展理念做好碳达峰碳中和工作的意见》，提出为确保碳达峰碳中和目标如期实现应把握好五个基本原则：

坚持全国统筹。碳达峰碳中和是一个整体概念，不可能由一个地区、一个单位"单打独斗"，必须坚持"全国一盘棋"，需要地方、行业、企业和社会公众的共同参与和努力，必须加强党的领导，做到统筹协调、分类施策、重点突破、有序推进。要压实地方责任，组织地方从实际出发制定落实举措。要鼓励有条件的行业、企业积极探索，形成一批可复制、可推广的经验模式。

坚持节约优先。我国是人口大国，与发达国家相比，能源资源约束问题还比较突出。做好碳达峰碳中和工作，必须把节约放在首要位置，不断降低单位产出能源资源消耗和碳排放。要大力倡导勤俭节约，坚决反对奢侈浪费，推行简约适度、绿色低碳、文明健康的生活方式，从源头和入口形成有效的碳排放控制阀门。

坚持双轮驱动。坚持政府和市场两手发力，是实现碳达峰碳中和的重要保障。一方面，要充分发挥市场配置资源的决定性作用，引导各类资源、要素向绿色低碳发展集聚，用好碳交易、绿色金融等市场机制，激发各类市场主体绿色低碳转型的内生动力和创新活力。另一方面，要切实发挥政府作用，深化能源和相关领域改革，敢于打破利益藩篱，大力破除制约绿色低碳发展的体制机制障碍；要构建新型举国体制，强化科技和制度创新，加快绿色低碳科技革命。

坚持内外畅通。做好碳达峰碳中和工作，要坚持以我为主，扎扎实实办好自己的事，同时也要用好国内国际两方面资源，大力推广先进绿色低碳技术和经验。要积极参与应对气候变化多边进程，承担与我国发展水平相称的国际责任。要讲好中国故事，发出中国声音，贡献中国方案，携手国际社会共同保护好地球家园。

坚持防范风险。当前，我国仍处在工业化、新型城镇化快速发展的历史阶段，产业结构偏重，能源结构偏煤，时间窗口偏紧，技术储备不足，实现碳达峰碳中和的任务相当艰巨。做好碳达峰碳中和工作，必须坚持实事求是、一切从实际出发，尊重规律、把握节奏。要强化底线思维，坚持先立后破，处理好减污降碳和能源安全、产业链供应链安全、粮食安全和群众正常生活的关系，有效应对绿色低碳转型过程中可能伴生的经济、金融、社会风险，防止过度反应，确保安全降碳。

90. 做好碳达峰碳中和工作的思路和目标是什么？

深入贯彻习近平生态文明思想，立足新发展阶段，完整、准确、全面贯彻新发展理念，构建新发展格局，坚持系统观念，处理好发展和减排、整体和局部、短期和中长期的关系，坚持"全国统筹、节约优先、双轮驱动、内外畅通、防范风险"原则，将碳达峰碳中和纳入经济社会发展全局。2030年前重点实施能源绿色低碳转型行动、节能降碳增效行动、工业领域碳达峰行动、城乡建设碳达峰行动、交通运输绿色低碳行动、循环经济助力降碳行动、绿色低碳科技创新行动、碳汇能力巩固提升行动、绿色低碳全民行动、各地区梯次有序碳达峰行动等"碳达峰十大行动"。

到2025年，绿色低碳循环发展的经济体系初步形成，重点行业能源利用效率大幅提升。单位国内生产总值能耗比2020年下降13.5%；单位国内生产总值二氧化碳排放比2020年下降18%；非化石能源消费比重达到 20％左右；森林覆盖率达到 24.1％，森林蓄积量达到 180 亿立方米，为实现碳达峰碳中和奠定坚实基础。

到 2030 年，经济社会发展全面绿色转型取得显著成效，重点耗能行业能源利用效率达到国际先进水平。单位国内生产总值能耗大幅下降；单位国内生产总值二氧化碳排放比 2005 年下降 65％以上；非化石能源消费比重达到 25％左右，风电、太阳能发电总装机容量达到 12 亿千瓦以上；森林覆盖率达到 25％左右，森林蓄积量达到 190 亿立方米，二氧化碳排放量达到峰值并实现稳中有降。

到 2060 年，绿色低碳循环发展的经济体系和清洁低碳安全高效的能源体系全面建立，能源利用效率达到国际先进水平，非化石能源消费比重达到 80％以上，碳中和目标顺利实现，生态文明建设取得丰硕成果，开创人与自然和谐共生新境界。

91. 如何科学把握碳达峰与碳中和的关系？

碳达峰与碳中和概念范围有差异。碳达峰指碳排放达峰，即煤炭、石油、天然气等化石能源燃烧活动产生的二氧化碳排放达到历史最高值，进入由增转降的历史拐点。碳中和指企业、团体或个人测算一定时间内，直接或间接产生的温室气体排放总量，通过抵消自身产生二氧化碳排放量，实现二氧化碳"零排放"。

碳达峰与碳中和的工作重点有差异。碳达峰的工作重点是减排，重点部门是能源和工业体系；碳中和的工作重点是中和，涉及经济社会方方面面。

碳达峰与碳中和的目标有差异。碳达峰目标包括达峰年份和达峰峰值，峰值要尽可能降低，但具体峰值并不确定，达峰年份是 2030 年；碳中和目标是净零排放，中和年份是 2060 年。

碳达峰与碳中和是紧密联系的两个阶段，存在"此快彼快、此低彼易、此缓彼难"的辩证关系。碳达峰是实现碳中和的手段，碳中和是碳达峰的最终目的，碳达峰时间与峰值水平应在碳中和愿景约束下确定。碳达峰的时间和峰值水平直接影响碳中和实现的时间和难度：峰值水平越低，达峰时间越早，实现碳中和的压力越小；峰值水平越高，实现碳中和所要求的技术进步和发展模式转变的速度就越快、难度就越大。

92. 地方围绕碳达峰碳中和方面做了哪些工作安排？

2020 年 11 月，党的十九届五中全会将碳达峰和碳中和目标纳入"十四五"规划和 2035 年远景目标建议。随后，各地在 2021 年政府工作报告和"十四五"规划中对碳达峰碳中和也提出相关部署安排（见表 5）。

表 5 地方"十四五"规划中提及的碳达峰碳中和目标和工作部署

省、自治区、直辖市	"十四五"目标	相关部署
北京	能源资源利用效率大幅提高，单位地区生产总值能耗持续下降，碳排放稳中有降，碳中和迈出坚实步伐，为应对气候变化做出北京示范。	发布实施碳中和时间表路线图，实现碳达峰后稳中有降，率先宣布碳达峰。研究开展应对气候变化立法。制定应对气候变化中长期战略规划。开展碳中和路径研究。系统建立碳排放强度持续下降和排放总量初步下降的"双控"机制。完善低碳标准体系。强化二氧化碳与大气污染物协同控制，实现碳排放水平保持全国领先。深化完善市场化碳减排机制，积极争取开展气候投融资试点。研究低碳领跑者计划。优化造林绿化苗木结构，推广适合本市的高碳汇量树种，进一步增加森林碳汇。积极开展应对气候变化国际交流合作。推动产业绿色化发展。完善能源和水资源总量和强度双控机制，大力发展循环经济，推动资源利用效率持续提升。

省、自治区、直辖市	"十四五"目标	相关部署
天津	生产生活方式绿色转型成效显著，能源资源配置更加合理、利用效率大幅提高。	做好碳达峰、碳中和工作，制定实施力争碳排放提前达峰行动方案，开展重点行业碳排放达峰行动，推动钢铁、电力等行业率先达峰。深化天津碳排放权交易试点市场建设，推动市场机制在控制温室气体排放中发挥更大作用。创新开展近零碳排放示范区建设。促进资源节约高效循环利用。严格实行能耗总量和强度"双控"，大幅降低能耗强度，严格控制能源消费总量增速。
河北	制定实施碳达峰、碳中和中长期规划，支持有条件市县率先达峰。加快发展清洁能源，光电、风电等可再生能源新增装机600万千瓦以上，单位GDP二氧化碳排放下降4.2%。	制定省碳达峰行动方案，完善能源消费总量和强度"双控"制度，提升生态系统碳汇能力，推进碳汇交易，加快无煤区建设，实施重点行业低碳化改造。开展大规模国土绿化行动，推进自然保护地体系建设，打造塞罕坝生态文明建设示范区。强化资源高效利用，建立健全自然资源资产产权制度和生态产品价值实现机制。
山西	绿色能源供应体系基本形成，能源优势特别是电价优势进一步转化为比较优势、竞争优势。	实施碳达峰、碳中和山西行动。主动应对气候变化，以市场化机制和经济手段降低碳排放强度，制定省碳达峰碳中和行动方案。探索建立碳排放强度和总量"双控"制度。加快调整优化能源结构，推动煤炭消费尽早达峰，大力发展新能源。开展近零碳排放、气候融资等各类试点示范。完善金融服务，适时推动碳税改革试点。
内蒙古	生态文明制度不断完善，生产生活方式绿色转型成效显著，能源资源配置更加合理、利用效率大幅提高，节能减排治污力度持续加大。	坚持减缓与适应并重，开展碳排放达峰行动。积极调整产业结构、优化能源结构、提高能源利用效率、增加森林草原生态系统碳汇，有效控制温室气体排放。建立健全碳排放权交易机制，深化低碳园区和气候适应型、低碳城市试点示范，大力推进应对气候变化投融资发展。探索重点行业碳排放达峰路径，积极构建低碳能源体系，重点控制电力、钢铁、化工、建材、有色等工业领域排放，有效降低建筑、交通运输、农业、商业和公共机构等重点领域排放，推动地方和重点行业落实自主贡献目标。提高城乡基础设施、农业林业和生态脆弱区适应气候变化能力。

省、自治区、直辖市	"十四五"目标	相关部署
辽宁	生态文明建设取得新进步。生产生活方式绿色转型成效显著，能源资源配置更加合理、利用效率大幅提高。绿色成为辽宁高质量发展的鲜明底色。	开展碳排放达峰行动。积极应对气候变化，制定碳排放达峰行动方案，深入推进温室气体排放总量控制。加强大气污染与温室气体协同减排，推动传统能源安全绿色开发和清洁低碳利用，重点减少工业、交通、建筑领域二氧化碳排放。做好碳中和工作，开展大规模国土绿化行动，增强森林、湿地等碳汇能力，积极发展海洋碳汇。推进碳排放权交易市场体系建设，支持沈阳培育国际碳交易中心。推进产业绿色转型。推动城乡绿色发展。推行绿色生活方式。
吉林	巩固绿色发展优势，加强生态环境治理，加快建设美丽吉林。	启动二氧化碳排放达峰行动，加强重点行业和重要领域绿色化改造，全面构建绿色能源、绿色制造体系，建设绿色工厂、绿色工业园区，加快煤改气、煤改电、煤改生物质，促进生产生活方式绿色转型。
黑龙江	生态文明建设取得新突破。生产生活方式绿色转型成效显著，绿色生态产业体系基本建成，北方生态屏障功能进一步提升，生态环境更加优良，建成生态强省。	开展绿色制造示范行动，全面推行清洁生产，推进重点行业和重要领域绿色化改造。开展绿色建筑引领行动，打造绿色低碳交通网络。实施能耗总量和强度双控，大幅降低能耗强度，严格控制能源消费总量增速，压实有关部门、地方政府和重点用能单位主体责任。加强重点领域和重点用能单位节能管理，严格固定资产投资项目节能审查，强化节能监察，加快推进能耗在线监测系统建设与数据运用。落实国家2030年前碳排放达峰行动方案要求，制定省级达峰行动方案，推动煤炭等能源清洁低碳安全高效利用，大力发展可再生能源，降低碳排放强度。

续表

省、自治区、直辖市	"十四五"目标	相关部署
上海	确保在 2025 年前实现碳排放达峰，单位生产总值能源消耗和二氧化碳排放降低确保完成国家下达目标。推进能源清洁高效利用，继续实施重点企业煤炭消费总量控制制度，到 2025 年煤炭消费总量控制在 4300 万吨左右，煤炭消费总量占一次能源消费比重下降到 30% 左右，天然气占一次能源消费比重提高到 17% 左右。分行业、分领域实施光伏专项工程，稳步推进海上风电开发，到 2025 年本地可再生能源占全社会用电量比重提高到 8% 左右。生态环境质量更为优良。城乡环境质量持续稳定向好、更加绿色宜人，绿色低碳生产生活方式成为全社会的新风尚。	制定全市碳排放达峰行动方案，实施能源消费总量和强度双控，着力推动电力、钢铁、化工等重点领域和重点用能单位节能降碳，推行能效对标达标行动，推动主要耗能产品和主要行业能效水平达到国际和国内先进水平。不断提升建筑能效等级，推广绿色建筑设计标准。出台碳普惠总体实施方案，鼓励公众节能降碳，积极创建低碳发展实践区和低碳社区。研究推进低碳产品认证和碳标识制度工作。推进全国碳排放交易系统建设，进一步完善本地碳交易市场，争取开展国家气候投融资试点。进一步提高森林碳汇能力，探索碳捕捉等技术应用。
江苏	支持有条件的地方率先达峰。绿色发展活力持续增强，资源能源利用集约高效，生态环境质量明显改善，生态产品供给稳步提高，生态安全屏障更加牢固，美丽江苏建设的空间布局基本形成，自然生态之美、城乡宜居之美、水韵人文之美、绿色发展之美初步彰显，基本建成美丽中国示范省份。	实施碳排放总量和强度"双控"，抓紧制定2030 年前碳排放达峰行动计划。推进大气污染物和温室气体协同减排、融合管控，开展协同减排政策试点。健全区域低碳创新发展体系，制定重点行业单位产品温室气体排放标准。推进碳排放权交易。增强碳汇能力。实施碳排放达峰先行区创建示范，建设一批"近零碳"园区和工厂。

省、自治区、直辖市	"十四五"目标	相关部署
浙江	节能减排保持全国先进水平，绿色产业发展、资源能源利用效率、清洁能源发展位居全国前列，低碳发展水平显著提升，绿水青山就是金山银山转化通道进一步拓宽，诗画浙江大花园基本建成、品牌影响力和国际美誉度显著提升，绿色成为浙江发展最动人的色彩，在生态文明建设方面走在前列。	制定实施二氧化碳排放达峰行动方案，鼓励有条件的区域和行业率先达峰，开展"零碳"体系试点，落实碳排放权交易制度，实施温室气体和污染物协同治理举措。
安徽	生态文明建设实现新的更大进步。国土空间开发保护格局得到优化，生产生活方式绿色转型成效显著，能源资源配置更加合理、利用效率大幅提高，主要污染物排放总量持续减少，大气、水、土壤、森林、湿地环境持续改善，生态安全屏障更加牢固，城乡人居环境明显改善，生态文明体系更加完善。	积极应对气候变化，按照碳排放达峰和能源高质量发展要求，制定实施全省2030年前碳排放达峰行动方案，实现减污降碳协同效应。严控煤炭消费，推进重点领域减煤，严控新增耗煤项目，大气污染防治重点区域内新、改、扩建项目实施煤炭消费减量替代。加快推进能源结构调整，提高非化石能源消费比重，为碳排放达峰赢得主动。控制工业领域温室气体排放，发展低碳农业。加强城乡低碳化管理，建设低碳交通运输体系，加强废弃物低碳化处置。开展蚌埠铜铟镓硒薄膜太阳能发电等技术场景应用和产业化示范。在公共机构开展碳中和试点。
福建	生态环境更优美。国家生态文明试验区建设探索形成更多可复制推广的制度创新成果，省域国土空间治理体系更加健全，绿色发展导向全面树立，碳排放强度持续降低，能源资源配置更加合理、利用效率大幅提高，简约适度、绿色低碳的生产生活方式加快形成，主要污染物排放总量持续减少，单位地区生产总值能源消耗降低等完成国家下达指标，生态环境质量保持全国领先，森林覆盖率达67%、保持全国第一，生态安全屏障更加牢固，高素质高颜值的美丽福建成为亮丽名片。	加快推进碳达峰。全面加强应对气候变化工作，编制实施二氧化碳排放达峰行动方案，加快能源结构和产业结构调整优化，构建安全、高效的低碳能源体系，建设绿色低碳的建筑体系、交通网络和工业体系，鼓励有条件的地区和行业率先达峰。积极参与全国碳排放权交易市场建设，健全碳排放权交易机制，发挥市场资源配置作用，积极推进碳金融创新。开展碳中和研究。深化低碳城市试点和低碳园区示范，促进城乡低碳化发展。

续表

省、自治区、直辖市	"十四五"目标	相关部署
江西	生态文明建设取得新成效。生态环境质量继续保持全国一流水平。生态文明制度体系不断完善，生产生活方式绿色转型成效显著。生态文明理念深入人心，"绿水青山"和"金山银山"双向转化通道更加顺畅，绿色发展水平走在全国前列。	坚持"适度超前、内优外引、以电为主、多能互补"的原则，加快构建安全、高效、清洁、低碳的现代能源体系。严格落实国家节能减排约束性指标，制定实施全省2030年前碳排放达峰行动计划，鼓励重点领域、重点城市碳排放尽早达峰。大幅降低能耗强度，有效控制能源消费增量，强化节能法规标准等。加快产业结构、能源结构调整，深入推进能源、工业、建筑、交通等领域节能低碳转型，推动全省煤炭占能源消费比重持续下降。严格落实能耗总量和强度"双控"制度，严控新上高耗能项目，狠抓重点领域和重点用能单位节能，推进重点用能单位能耗监测管理全覆盖。探索建立温室气体排放统计核算体系，建立"天地空"一体化生态气象观测体系，提高应对极端天气和气候事件能力，推动甲烷、氢氟碳化物、全氟化碳等温室气体排放持续下降。
山东	生态文明建设走在前列，生产生活方式绿色转型成效显著，能源资源利用效率大幅提高，主要污染物排放总量大幅减少，生态系统稳定性明显增强，生态环境持续改善。	制订碳达峰行动方案，推动电力、钢铁、建材、有色、化工等重点行业制定达峰目标，加强低碳发展技术路径研究，开展低碳城市、低碳社区试点和近零碳排放区示范，支持青岛西海岸新区开展气候投融资试点。
河南	大河大山大平原保护治理实现更大进展。生态强省加快建设，生态环境持续改善，国土空间开发保护格局得到优化，生产生活方式绿色转型成效显著。能源资源配置更加合理、利用效率大幅提高，煤炭占能源消费总量比重降低5%左右。主要污染物排放总量持续减少，重污染天气基本消除，劣Ⅴ类水体和县级以上城市建成区黑臭水体基本消除。流域水系生态廊道、山地生态屏障、农田和城市生态系统加快形成，生态保护修复走在黄河流域前列，森林河南基本建成。	持续降低碳排放强度。制定碳排放达峰行动方案，实行以强度控制为主、总量控制为辅的制度，力争如期实现碳达峰、碳中和刚性目标，支持有条件的地方率先实现碳达峰。科学合理控制煤炭消费总量，加快提高清洁低碳能源比重。推进大气污染物与温室气体协同减排，加大甲烷、氢氟碳化物、全氟化碳等其他温室气体控制力度。加快重点领域低碳技术研发和产业化示范，引导企业自愿减排温室气体，持续开展低碳城市、低碳园区、低碳社区、低碳工程等试点创建。探索碳捕集利用和封存新技术新模式，提升碳汇规模和质量。加强碳减排统计、核查、监管等基础能力建设。

省、自治区、直辖市	"十四五"目标	相关部署
湖北	生态文明建设取得新成效。国土空间开发保护格局不断优化,"三江四屏千湖一平原"生态格局更加稳固。长江经济带生态保护和绿色发展取得显著成效,资源能源利用效率大幅提高,主要污染物减排成效明显,生态环境持续改善,生态文明制度体系更加健全,城乡人居环境明显改善。	大力推进绿色低碳发展。加快建立生态产品价值实现机制。推动资源节约绿色发展。推进钢铁、电力等行业低碳发展,开展碳排放达峰和碳中和路径研究,明确碳排放达峰时间表和路径图,支持有条件的地方提前达峰。实施近零碳排放区示范工程、"碳汇+"交易工程,推进碳惠荆楚工程建设,建成全国碳排放权注册登记系统。
湖南	生态环境更美。生产生活方式绿色转型成效显著,能源资源利用效率大幅提高,主要污染物排放总量持续减少,重点环境问题得到有效整治,生态环境持续改善,生态安全屏障更加牢固,城乡人居环境明显改善。	促进能源资源节约利用。健全能源资源节约集约循环利用政策体系,全面建立能源资源高效利用制度。完善能源消费总量和强度双控制度,强化能耗强度约束性指标管理,合理弹性控制能源消费总量。推进能源革命,构建清洁低碳、安全高效的能源体系。推动循环低碳发展,构建绿色循环产业体系,打造多元化、多层次循环产业链,推动产业废弃物循环利用,发展再生产业。实施资源循环利用产业基地建设工程,积极创建国家级城市低值废弃物资源化示范基地,促进产业和园区绿色化、节能低碳化改造。发展绿色建筑和绿色低碳交通工具。降低碳排放强度,落实国家碳排放达峰行动方案,推进马栏山近零碳示范区建设,积极创建国家气候投融资试点,积极应对气候变化。

续表

省、自治区、直辖市	"十四五"目标	相关部署
广东	生态文明建设迈入新境界。生态文明制度体系基本建成，国土空间开发保护格局清晰合理，生产生活方式绿色转型成效显著，以国家公园为主体的自然保护地体系基本建立，单位地区生产总值能源消耗、单位地区生产总值二氧化碳排放的控制水平继续走在全国前列，有条件的地区率先实现碳达峰，主要污染物排放总量持续减少，生态安全屏障质量进一步提升，森林质量稳步提高，生态环境更加优美，打造人与自然和谐共生的美丽典范。	积极应对气候变化。抓紧制定省碳排放达峰行动方案，推进有条件的地区或行业碳排放率先达峰。建立碳排放总量和强度控制制度，推进温室气体和大气污染物协同减排，实现减污降碳协同。加大工业、能源、交通等领域的二氧化碳排放控制力度，提高低碳能源消费比重。深化碳交易试点，积极推动形成粤港澳大湾区碳市场。开展大规模国土绿化行动，提升生态系统碳汇能力。进一步推动碳普惠试点工作，深化市场机制在控制二氧化碳排放中的作用。推进低碳城市、低碳城镇、低碳园区、低碳社区、近零碳排放及近零能耗建筑试点示范。高水平建设广东碳捕集测试平台，积极推动碳捕集、利用、封存技术的研究、测试及商业化应用。加强气候变化综合评估和风险管理，完善气候变化监测预警信息发布体系。提升公共卫生领域适应气候变化的服务水平。
广西	生态文明建设达到新高度。生产生活方式绿色转型成效显著，生态安全屏障更加牢固。生态系统治理水平不断提升，城乡人居环境明显改善，生态环境保持全国一流。生态经济加快发展，生态优势更多转变为发展优势。	推动绿色低碳发展。推进产业生态化和生态产业化。加快发展大健康产业。积极发展绿色金融。促进资源节约和高效利用。强化能源消费总量和强度"双控"，严格控制能耗强度，合理控制能源消费总量，加大节能挖潜、淘汰落后低效产能，腾出用能空间。加强工业、建筑、交通运输、公共机构、农业、商贸等重点领域节能降碳，强化重点用能单位节能管理，加强固定资产投资项目节能审查与节能监察，推进能耗在线监测系统建设并强化数据应用。鼓励消费天然气等清洁能源，加快发展非化石能源，提升非化石能源消费比重。

续表

省、自治区、直辖市	"十四五"目标	相关部署
海南	生态文明建设形成海南样板。生态文明制度体系更加完善，国土空间保护开发格局得到优化，生态环境基础设施建设全面加强，能源资源利用效率大幅提高。城乡人居环境明显改善，生态环境质量继续保持全国领先水平。	提前实现碳达峰。制定实施碳排放达峰行动方案，支持有条件项目开展碳捕集、利用与封存，研究率先达到碳排放峰值。积极参与全国碳排放权交易市场。研究推进海洋碳汇工作，探索建立海洋碳汇标准体系和交易机制。探索碳中和机制，推动建设近零碳排放示范区。加强温室气体清单编制等基础能力建设。开展气候风险评估分析，加强城市基础设施气候适应能力建设，增强海洋灾害风险管理与海岸带保护。探索建立气候变化健康风险预防机制。加强能源资源节约。强化能耗双控，严格控制新上高耗能项目。加强发展循环经济。推动形成绿色生活方式。
重庆	山清水秀美丽之地建设取得重大进展。国土空间开发保护格局得到优化，生产生活方式绿色转型成效显著，能源资源利用效率大幅提高，主要污染物排放总量持续减少，环境突出问题得到有效治理，生态文明制度体系不断健全，生态环境持续改善，城乡人居环境更加优美，长江上游重要生态屏障更加巩固。	加快推动绿色低碳发展。构建绿色低碳产业体系。积极应对气候变化，探索建立碳排放总量控制制度，实施二氧化碳排放达峰行动，采取有力措施推动实现2030年前二氧化碳排放达峰目标。创新开展气候投融资试点。培育碳排放权交易市场，增加林业等生态系统碳汇。制定地方低碳技术规范和标准，推行产品碳标准认证和碳标识制度。开展低碳城市、低碳园区、低碳社区试点示范，推动低碳发展国际合作，建设一批零碳示范园区。倡导绿色生活方式。创新绿色发展体制机制。
四川	生态环境持续改善。环境治理效果显著增强，能源资源配置更加合理、利用效率大幅提高，主要污染物排放总量持续减少。绿色低碳生产生活方式基本形成，大气、水体和土壤质量明显好转，城乡人居环境明显改善，长江、黄河上游生态安全屏障进一步筑牢。	有序推进2030年前碳排放达峰行动，降低碳排放强度，推进清洁能源替代，加强非二氧化碳温室气体管控。健全碳排放总量控制制度，加强温室气体监测、统计和清单管理，推进近零碳排放区示范工程。加强气候变化风险评估，试行重大工程气候可行性论证。促进气候投融资，实施碳资产提升行动，推动林草碳汇开发和交易，开展生产过程碳减排、碳捕集利用和封存试点，创新推广碳披露和碳标签。

省、自治区、直辖市	"十四五"目标	相关部署
贵州	生态建设迈上新台阶。生态文明建设走在全国前列，国家生态文明试验区建设取得新的重大突破，国土空间开发保护格局不断优化，重点生态工程深入实施，国家储备林建设取得重大进展，生态环境质量得到巩固，森林质量显著提高，长江、珠江上游生态安全屏障地位更加牢固，森林覆盖率稳定在 60% 以上，单位地区生产总值能源消耗降低、单位地区生产总值二氧化碳排放降低达到国家下达的目标要求。	制定 2030 年碳排放达峰行动方案，降低碳排放强度，推动能源、工业、建筑、交通等领域低碳化。
云南	生态文明建设排头兵取得新进展。国土空间开发保护格局得到优化，生产生活方式绿色转型成效显著，能源资源配置更加合理、利用效率大幅提高，主要污染物排放总量持续减少，生态环境质量持续改善，生态文明体制机制更加健全，国家西南生态安全屏障更加牢固，生态美、环境美、城市美、乡村美、山水美、人文美成为普遍形态。	全面推动绿色低碳发展。培育绿色低碳发展新动能。大力推进绿色生活。积极削减碳排放和增加碳汇。优化产业、能源、交通运输结构，推进减排降碳。加快产业结构调整，淘汰落后产能，积极支持推动构建科技含量高、能源资源消耗低、环境污染少的绿色产业发展。实施烟煤替代，提升电能在终端用能比例，推动重点行业节能低碳改造，进一步降低煤炭消费比重，提高企业能源利用效率。加强绿色供应链管理，调整优化货物运输结构，推动大宗货物"公转铁"，增加集装箱多式联运比重。推进低碳产品认证，加强商业、建筑与公共机构等领域节能减排降碳。采取一切有效措施，降低碳排放强度，控制温室气体排放，增加森林和生态系统碳汇。积极参与全国碳排放交易市场建设，科学谋划碳排放达峰和碳中和行动。健全绿色低碳发展支撑体系。

省、自治区、直辖市	"十四五"目标	相关部署
西藏	生态建设成果丰硕。国土空间开发保护格局全面优化,统筹山水林田湖草沙一体化保护和修复机制基本形成,绿色生产方式和生活方式加快形成,能源资源配置更加合理、利用效率大幅提高,主要污染物排放总量有效控制,现代环境治理体系加快构建,城乡人居环境明显改善,始终天蓝、地绿、水清,生态安全屏障和生态文明示范区建设取得明显成效,仍是世界上生态环境最好的地区之一,国家生态文明高地建设取得重大进展。	推动能源结构优化升级,把发展清洁低碳与安全高效能源作为调整能源结构的主攻方向。
陕西	生态环境根本好转,美丽陕西目标基本实现。绿水青山就是金山银山的理念深入人心,绿色生产生活方式广泛形成,单位生产总值能耗降至全国平均水平,碳排放总量在2030年前达到峰值后稳中有降,三秦大地山更绿、水更清、天更蓝。	加快推动绿色低碳发展,提高绿色发展水平,全面提高资源利用效率,积极应对气候变化。落实国家应对气候变化战略和2030年前碳达峰要求,编制省级碳达峰行动方案。坚持减缓与适应并重,实施温室气体排控与污染防治协同治理,持续降低碳排放强度。加快能源结构和产业结构低碳调整,推进建筑、交通和农业等重点领域低碳发展,持续增加森林碳汇。深化低碳试点示范,扩大碳捕集与封存等重点减排技术应用。提高城市应对极端气候变化灾害管理水平,增强适应性和韧性发展能力。开展气候适应型城市试点和气候投融资试点。

续表

省、自治区、直辖市	"十四五"目标	相关部署
甘肃	生态文明建设达到新水平。黄河流域生态保护和高质量发展深入推进，国土空间保护开发格局得到优化，能源资源配置效率大幅提高，重点生态功能区建设加快推进，山水林田湖草沙系统治理水平不断提升，生态环境质量明显改善，单位生产总值能耗、水耗显著下降，主要污染物排放总量持续减少，经济结构、能源结构、产业结构加快向绿色低碳转型，城乡人居环境更为整洁优美，国家西部生态安全屏障更加牢固。	建设绿色综合能源化工产业基地。围绕落实国家2030年前碳达峰、2060年前碳中和目标，坚持清洁低碳、安全高效，立足资源禀赋和区位优势，大力推动非化石能源持续快速增长，加快调整优化产业结构、能源结构，大力淘汰落后产能、优化存量产能，推动煤炭消费尽早达峰。推广煤炭绿色智能开采、推进煤电清洁高效发展、加大油气勘探开发和优势矿产资源开发利用、完善能源储运体系，着力打造国家重要的现代能源综合生产基地、储备基地、输出基地和战略通道。提高绿色低碳发展水平。制定实施国家2030年碳排放达峰甘肃行动方案。推动能源清洁低碳安全高效利用，进一步提升非化石能源消费比重。积极发展绿色建筑，加快推动装配式建筑发展，城镇新建民用建筑严格执行国家节能强制性标准，持续推进既有居住建筑节能改造。大力推广清洁能源汽车，加强废弃物资源化利用和低碳化处理。倡导低碳出行、循环利用等环保生活方式，深入开展反过度包装行动。开展"零碳"城市建设，加快电动汽车充电基础设施建设。探索自然资源价值核算和价格形成机制，适时推动用能权、碳排放权、自然资产交易。
青海	生态文明建设水平进一步提升。生态文明建设实现由体系建设向融合发展深化，生态优势不断转化为竞争优势，国土空间开发保护制度基本建立，生态文明领域治理体系和治理能力现代化走在全国前列，能源资源利用效率大幅提高，碳达峰目标、路径基本建立，主要污染物排放持续减少，绿色环保节约的文明消费模式和生活方式普遍推行，"中华水塔"全面有效保护，生态产品价值实现机制基本建立，国家公园示范省基本建成，生态环境质量持续保持全国一流水平。	健全以国家温室气体自愿减排交易机制为基础的碳排放权抵消机制，与中东部省份开展碳排放权、绿色电力证书交易，引导碳交易履约企业和对口帮扶省份优先购买本省林业碳汇项目产生的减排量。推进能权交易。研究制定二氧化碳排放达峰行动方案。

续表

省、自治区、直辖市	"十四五"目标	相关部署
宁夏	生态环境明显改善。国土空间开发保护格局持续优化，生态文明体制机制更加健全，绿色生产生活方式加快形成，现代化防洪减灾体系、生态保护体系、污染治理体系、水源涵养体系、资源利用体系、绿色发展体系基本形成，森林覆盖率达到20%，单位地区生产总值用水量、煤炭消耗、电力消耗、建设用地面积下降15%，黄河干流断面水质保持Ⅱ类进Ⅱ类出，环境空气质量稳定达到国家二级标准，土壤污染风险有效防控，生态环境持续改善，生态安全屏障更加牢固，城乡人居环境明显改观。	积极应对气候变化，制定碳排放达峰行动方案，推动实现减污降碳协同效应。加快发展方式绿色转型，大力推行绿色生产方式，全面提高资源利用效率，构建资源循环利用体系，倡导绿色低碳生活方式。
新疆	生态文明建设实现新进步。国土空间开发保护格局得到优化，生产生活方式绿色转型成效显著，能源资源开发利用效率大幅提升，能耗和水资源消耗、建设用地、碳排放总量得到有效控制，生态保护和修复机制基本形成，生态环境持续改善，生态安全屏障更加牢固，城乡人居环境明显改善，大美新疆天更蓝、山更绿、水更清。	推动绿色低碳发展。严格执行《绿色产业指导目录（2019年版）》，落实环境准入要求，实施生态环境准入清单管理，从源头上防止环境污染。加强能耗"双控"管理，严格控制能源消费增量和能耗强度。优化能源消费结构，对重点区域实施新建用煤项目煤炭等量或减量替代。加快产业结构优化调整，加大落后产能淘汰力度，支持绿色技术创新，加快发展节能环保、清洁生产产业，推进重点行业和重要领域绿色化改造，促进企业清洁化升级转型和绿色工厂建设。制订碳排放达峰行动方案，加大温室气体排放控制力度，降低碳排放强度。大力发展绿色建筑，城镇新建公共建筑全面执行65%强制性节能标准，新建居住建筑全面执行75%强制性节能标准。开展超低能耗、近零能耗建筑试点，扩大地源热、太阳能、风能等可再生能源建筑应用范围。开展绿色生活创建活动，倡导简约适度、绿色低碳生活方式，推进低碳城市、低碳园区、低碳社区和低碳企业试点示范。加快绿色金融、绿色贸易、绿色流通等服务体系建设，健全绿色发展政策法规体系。

93.企业围绕碳达峰碳中和有哪些行动部署？

随着碳达峰碳中和目标的提出，以中国石油、国家电网为代表的众多国企、央企率先规划了自身实现碳中和的时间表、路线图和举措。2021年9月10日，由中国企业联合会、中国企业家协会主办的第八次全国企业营商环境研讨会，中国企业碳中和行动（厦门）峰会在厦门举行，峰会上发布了《2021中国企业碳中和行动报告》，展示了多家央企的"双碳"行动实践[①]。

国家电网是首个发布"双碳"行动方案的央企。国家电网"碳达峰、碳中和"行动方案于2021年3月1日正式发布。根据行动方案，国家电网公司将从六个方面推动"双碳"目标实现：推动电网向能源互联网升级，打造清洁能源优化配置平台；推动网源协调发展和调度交易机制优化，做好清洁能源并网消纳；推动全社会节能提效，提高终端消费电气化水平；推动公司节能减排加快实施，降低自身碳排放水平；推动能源电力技术创新，提升运行安全和效率水平；推动深化国际交流合作，集聚能源绿色转型最大合力。

三峡集团是首家宣布碳中和时间表的电力央企。提出力争2023年率先实现碳达峰，2040年实现碳中和，比国家提出实现碳中和的时间提前了20年。三峡集团是全球最大的水电开发运营企业和我国最大的清洁能源集团，可控、权益和在建总装机规模达到1.38亿千瓦。"十四五"期间，新能源装机容量要在现有基础上增加4—5倍，实现新能源装机7000万—8000万千瓦的水平。

中国石油提出按照"清洁替代、战略接替、绿色转型"三步走总体部署，实施"创新、资源、市场、国际化、绿色低碳"五大战略，布局清洁生产和绿色低碳的商业模式，力争2025年左右

实现碳达峰，2050 年左右实现"净零"排放。

中国石化提出打造"中国第一大氢能公司"、世界领先洁净能源化工公司。"十四五"期间建 1000 座加氢站，布局 7000 座分布式光伏发电站点，打造"油气氢电服"综合能源服务商，力争在 2050 年比国家目标提前 10 年实现碳中和。

大唐集团在其"双碳"行动纲要中提出以推动能源技术创新、推动能源生产革命、推动能源消费革命三条路径重点突破，并明确了十方面具体举措：推进低碳零碳技术创新、发展非化石能源、推进火电降耗减碳、发展储能和氢能、发展碳交易和碳金融、发展分布式能源和智能微网、拓展综合智慧能源服务、发展低碳零碳供热、开展非电业务和办公节能减排、推动合作者实现"双碳"目标。在具体目标上，大唐集团提出在碳达峰阶段，集团非化石能源装机占比升至 60% 左右，度电二氧化碳排放减少 20% 左右，确保 2030 年前实现碳达峰并力争提前碳达峰。在碳减排阶段，非化石能源装机占比要升至 90% 以上，确保 2060 年前实现碳中和并力争提前碳中和。

华能集团提出以"三型"（基地型、清洁型、互补型）"三化"（集约化、数字化、标准化）能源基地开发为主要路径，全力打造新能源、核电、水电三大支撑，加快提升清洁能源比重，积极实施减煤减碳。到 2025 年，非化石能源装机超过 50%，提前 5 年实现碳达峰。

伊利集团作为全球唯一农业食品业的代表企业案例被联合国《企业碳中和路径图》报告收录。2021 年 7 月 27 日，联合国全球契约组织发布《企业碳中和路径图》，这是全球首份由联合国机构发布的、全面指导企业实现碳中和的重磅报告。伊利集团减碳实践，成为全球唯一农业食品业的代表企业案例。伊利是中国首个实施自主碳盘查的乳制品企业，于 2010 年组建内部碳管理团队，连续 11 年依照 ISO 14064 标准及《2006 年 IPCC 国家温室气体清单指南》开展公司组织层面的碳盘查，并以碳盘查为核心，建立起了包含综合能耗、水耗、电耗、汽柴油耗用、蒸汽耗用、污水排放等能源环保数据核算体系。从 2017 年开始，位于供应链上游的牧场碳排放也被纳入其碳盘查范围。"十三五"期间，伊利综合能耗累计下降 18%；2020 年底，除三家工厂因当地供应不足未能采用天然气锅炉外，其余所有工厂均已使用天然气锅炉，可以实现每年减排 58 万吨；2020 年较 2010 年累计减排温室气体 651 万吨，相当于节约了 107 亿度电。

94. 新型基础设施绿色高质量发展目标是什么？

数据中心、5G 是支撑未来经济社会发展的战略资源和公共基础设施，也是关系新型基础设施节能降耗的最关键环节。2021 年 11 月 30 日，国家发展改革委等部门联合印发的《贯彻落实碳达峰碳中和目标要求 推动数据中心和 5G 等新型基础设施绿色高质量发展实施方案》明确，到 2025 年，数据中心和 5G 基本形成绿色集约的一体化运行格局。数据中心运行电能利用效率和可再生能源利用率明显提升，全国新建大型、超大型数据中心平均电能利用效率降到 1.3 以下，国家枢纽节点进一步降到 1.25 以下，绿色低碳等级达到 4A 级以上。全国数据中心整体利用率明显提升，西部数据中心利用率由 30% 提高到 50% 以上，东西部算力供需更为均衡。5G 基站能效提升 20% 以上。数据中心、5G 能耗动态监测机制基本形成，综合产出测算体系和统计方法基本健全。在数据中心、5G 实现绿色高质量发展基础上，全面支撑各行业特别是传统高耗能行业的数字化转型升级，助力实现碳达峰总体目标，为实现碳中和奠定坚实基础。

95. 如何减少和避免"运动式"减碳？

"运动式"减碳主要表现在以下几个方面：一是脱离实际，设定过高目标。有的地方在未进行科学研究的情况下提出碳中和方案，攀比碳达峰碳中和实现时间，大造声势，导致时间节点层层提前，工作任务层层加码，使碳达峰碳中和走调变形。二是轻视困难，指望速战速决。轻视能源结构、产业结构、技术进步的困难，认为可以在短时间内依靠行政命令来快速实现目标，或寄望于某种技术一劳永逸地解决问题。三是行动乏力，坐等上级指示。认为碳达峰碳中和是新领域，不组织学习、不开展针对本地区和行业的研究，坐等上级部门出方案、出政策、出指示，缺少行动力，能耗"双控"落实不力。四是乱铺摊子，造成既成事实。错误理解碳达峰，认为 2030 年之前是碳排放增长期，应尽早多建设一批"两高"项目，多争取碳排放指标，甚至大搞"两高"项目的未批先建，加大了碳中和的难度。五是简单从事，"一刀切"式减碳。一些地方、行业谈碳色变。为降低能源消费总量和能耗强度，对部分能耗较高的传统产业采取限制生产线或限电的应急管控措施；对相关企业和项目，无论是否违反国家法律法规、是否给社会造成不利影响，"一刀切"式限制、关闭；因能耗指标缺口停止即将投产或已经在建的项目；等等。

那么，如何减少和避免"运动式"减碳呢？

一是树立系统观和全局观，做好顶层设计，坚持全国一盘棋，各地不能自行其是。碳达峰碳中和是一场广泛而深刻的经济社会变革，应树立系统观，处理好发展和减排、整体和局部、短期和中长期的关系，在全国层面予以统筹，根据国情协调能源安全、能源经济和能源减碳三个目标，保障经济持续平稳发展。各地区产业定位和区域功能定位不同，不可能也没必要同步实现碳中和。应提高政治站位，在中央和地方的分级统筹之下统一部署碳达峰碳中和工作，坚持先立后破，不抢跑，不冒进，立足于流域和城市群进行产业布局优化，培育流域和区域经济整体竞争力，降低能耗，减少污染排放，促进流域和区域高质量发展。

二是树立科学观和历史观，从实际出发，加强研究，科学有序推进实现"双碳"目标。应实事求是,尊重规律,以问题为导向,根据国家层面制定的完善碳达峰碳中和总体行动方案和各主要方面的专门行动方案,立足于本地经济和社会发展实际,深入测算论证,通过研究提出碳达峰分步骤的时间表、路线图,因地制宜出台自己的实施方案。合理制定考核目标和考核机制,减少不当激励和处罚。应改革官员考核机制,避免偏激、短视的施政行为。应科学设置各地能源双控目标的首次考核时间,为地方压缩产能、企业节能改造腾出时间,稳中求进,减少冒进。

三是树立管理观,加强源头把控。严格管理和督察,将"两高"项目的审批、建设和运行纳入中央生态环境保护督察范围,建立通报批评、用能预警、约谈问责等工作机制,严控"两高"项目增量,遏制"两高"项目盲目发展。对于已经获批在建的"两高"项目,不符合环评和能评要求的要坚决整改;对于已经获批但未开始建设的"两高"项目,建议重新开展能评审批;对于不符合能耗双控要求的新项目,不能再审批;对"两高"项目实行清单管理和台账管理,进行分类处置、动态监控。同时也要避免因噎废食,对符合国家发展战略要求的重大项目,其能耗应实行单列,不搞"一刀切"。

四是树立市场观,通过市场促进节能减碳。构建和完善以可再生能源为主体的新型电力系统所对应的新型电力市场机制,重新设计包括市场模式、市场结构、市场监管和市场运作机制在内的多个市场要素,完善用能权、碳排放权交易市场、绿电和绿证交易等多种市场机制。

96. 如何推进污染物与温室气体协同减排?

二氧化碳等温室气体排放与常规污染物排放具有同根、同源、同过程的特点,降碳与减污之间可以产生很好的协同效应,二氧化碳排放 2030 年前达到峰值可以为 2035 年"生态环境根本好转"

奠定坚实基础。习近平总书记在中共中央政治局第二十九次集体学习时强调，"十四五"时期，我国生态文明建设进入了以降碳为重点战略方向、推动减污降碳协同增效、促进经济社会发展全面绿色转型、实现生态环境质量改善由量变到质变的关键时期①。在政策设计层面，要提高国家、地方、企业等层面对协同管控重要性的认识，加强对协同效应评估方法研究，加快出台有利于协同管控的各项政策、标准、法规，构建协调一致的统计、报告、核查体系，对相关政策进行成本效用分析，推动相关政策落地实施。在终端路径层面，能源部门可通过淘汰小型低效的火电机组，新建大机组以持续降低发电煤耗，从而提升发电效率，也可通过提高可再生能源的发电比例，降低煤炭发电的占比，优化发电结构；交通部门开展协同减排温室气体和空气污染物的措施主要包括能效的提升、交通出行模式的转变、建设紧凑的城市形态和完善的交通基础设施等；工业部门协同减排的措施主要包括利用新工艺和技术提高能源效率、降低碳强度、减少产品需求、提高物料利用率和回收率等；居民则可采取改进炉灶，改用更清洁的燃料，改用更高效、更安全的照明技术等协同控制温室气体排放和室内空气污染问题。

加快推进能源系统低碳转型

97. 能源系统低碳转型的基本思路是什么？

能源是经济社会发展的重要物质基础，要统筹处理好能源低

---

① 《习近平在中共中央政治局第二十九次集体学习时强调保持生态文明建设战略定力 努力建设人与自然和谐共生的现代化》，《人民日报》2021 年 5 月 2 日。

碳转型和安全保供的关系，强化底线思维，坚持先立后破，以强化能源消费强度和总量双控、大幅提升能源利用效率、严格控制化石能源消费、积极发展非化石能源、深化能源体制机制改革等为主要抓手，持续推动能源生产和消费革命，加快实施可再生能源替代，大力提升能源利用效率，努力构建清洁低碳安全高效的能源体系。

98. 新时代的能源安全新战略是什么？

新时代的中国能源发展，贯彻"四个革命、一个合作"能源安全新战略[①]。"四个革命"包括：（1）推动能源消费革命，抑制不合理能源消费。坚持节能优先方针，完善能源消费总量管理，强化能耗强度控制，把节能贯穿于经济社会发展全过程和各领域；坚定调整产业结构，高度重视城镇化节能，推动形成绿色低碳交通运输体系。在全社会倡导勤俭节约的消费观，培育节约能源和使用绿色能源的生产生活方式，加快形成能源节约型社会。（2）推动能源供给革命，建立多元供应体系。坚持绿色发展导向，大力推进化石能源清洁高效利用，优先发展可再生能源，安全有序发展核电，加快提升非化石能源在能源供应中的比重。大力提升油气勘探开发力度，推动油气增储上产。推进煤电油气产供储销体系建设，完善能源输送网络和储存设施，健全能源储运和调峰应急体系，不断提升能源供应的质量和安全保障能力。（3）推动能源技术革命，带动产业升级。深入实施创新驱动发展战略，构建绿色能源技术创新体系，全面提升能源科技和装备水平。加强能源领域基础研究以及共性技术、颠覆性技术创新，强化原始创新和集成创新。着力推动数字化、大数据、人工智能技术与能源清

---

① 中华人民共和国国务院新闻办公室：《新时代的中国能源发展》白皮书，《人民日报》2020 年 12 月 22 日。

洁高效开发利用技术的融合创新，大力发展智慧能源技术，把能源技术及其关联产业培育成带动产业升级的新增长点。（4）推动能源体制革命，打通能源发展快车道。坚定不移推进能源领域市场化改革，还原能源商品属性，形成统一开放、竞争有序的能源市场。推进能源价格改革，形成主要由市场决定能源价格的机制。健全能源法治体系，创新能源科学管理模式，推进"放管服"改革，加强规划和政策引导，健全行业监管体系。

"一个合作"是指全方位加强国际合作，实现开放条件下能源安全。坚持互利共赢、平等互惠原则，全面扩大开放，积极融入世界。推动共建"一带一路"能源绿色可持续发展，促进能源基础设施互联互通。积极参与全球能源治理，加强能源领域国际交流合作，畅通能源国际贸易、促进能源投资便利化，共同构建能源国际合作新格局，维护全球能源市场稳定和共同安全。

99. 如何构建清洁低碳安全高效的现代能源体系？

全面建设现代能源供给体系。深化能源领域供给侧结构性改革，强化生态环境保护红线约束，持续淘汰粗放低效、安全隐患大的落后产能，为清洁能源培育发展留足空间。推动风电、光伏发电等清洁能源持续快速发展，推进生态友好型水电开发和核电安全高效发展，强化煤炭和油气绿色高效开采，加大非常规油气资源开发力度，保障能源供给安全。

大力构筑现代能源消费体系。坚持节约优先，把节能贯穿于经济社会发展全过程和各领域，推行国际先进能效标准和节能制度，加强能源系统集成优化和效率提升，努力构建节能型生产消费体系，加快建设能源节约型社会。

加快培育现代能源科技创新体系。强化能源领域原始创新、集成创新和引进消化吸收再创新，持续提升既有能源系统创新能力和技术水平。不断完善能源科技创新制度，健全政产学研用协同创新机制，搭建能源科技创新平台，加大能源科技人才培育和政策支持力度，激发各类主体技术创新活力，全面提升能源自主创新能力。

深入构建现代能源治理体系。深入电力体制改革，加快推进油气体制改革，优化能源市场结构，健全能源市场交易体系，完善市场决定价格机制，建立统一开放、竞争有序的现代能源市场体系，进一步激发能源领域市场活力和创造力。深化能源领域"放管服"改革，加快能源法治体系建设，强化政府宏观管理和服务职能，健全能源监管体系，建立以法律法规、战略规划、政策标准和监管服务为主的现代能源治理框架，进一步推进能源治理体系和治理能力现代化。

持续打造现代能源国际合作体系。继续扩大能源对外开放，坚持引进来和走出去并重，着力推进"一带一路"能源国际合作，加大能源基础设施互联互通力度，打造安全有韧性的国际能源产业链条，确保我国能源安全供应和我国能源企业参与国际公平竞争。

100. 如何从能耗双控逐渐向碳排放双控过渡？

完善能耗双控制度，严格能耗强度控制，合理控制能源消费总量，控制化石能源消费，抑制不合理能源消费，推动能源资源配置更加合理、利用效率大幅提高。完善节能法规标准体系，建立健全用能预算等管理制度。加强重点用能单位节能管理，加快实施节能重点工程，深入推进工业、建筑、交通运输、公共机构等重点领域节能降耗，持续提升新基建能效水平。2021年12月召开的中央经济工作会议强调，要科学考核，新增可再生能源和原料用能不纳入能源消费总量控制，创造条件尽早实现能耗"双控"向碳排放总量和强度"双控"转变，加快形成减污降碳的激励约束机制，防止简单层层分解。要确保能源供应，大企业特别是国有企业要带头保供稳价。要深入推动能源革命，加快建设能源强国。

101. 如何进一步提升节能降碳增效水平？

推行用能预算管理，强化固定资产投资项目节能审查，对项目用能和碳排放情况进行综合评价，从源头推进节能降碳。加强节能监察能力建设，健全省、市、县三级节能监察体系，建立跨部门联动机制，综合运用行政处罚、信用监管、绿色电价等手段，增强节能监察约束力。实施城市、园区、重点行业节能降碳重点工程，推动城市综合能效提升，打造一批达到国际先进水平的节能低碳园区，提升能源资源利用效率。实施重大节能降碳技术示范工程，支持已取得突破的绿色低碳关键技术开展产业化示范应用。

102. 如何控制化石能源消费？

加快煤炭减量步伐，"十四五"时期严控煤炭消费增长，"十五五"时期逐步减少煤炭消费。石油消费"十五五"时期进入峰值平台期。统筹煤电发展和保供调峰，严控煤电装机规模，加快现役煤电机组节能升级和灵活性改造。逐步减少直至禁止煤炭散烧。加快推进页岩气、煤层气、致密油气等非常规油气资源规模化开发。强化风险管控，确保能源安全稳定供应和平稳过渡。合理调控油气消费，保持石油消费处于合理区间，逐步调整汽油消费规模，大力推进先进生物液体燃料、可持续航空燃料等替代传统燃油，提升终端燃油产品能效。加快推进页岩气、煤层气、致密油（气）等非常规油气资源规模化开发。有序引导天然气消费，优化利用结构，优先保障民生用气，大力推动天然气与多种能源融合发展，因地制宜建设天然气调峰电站，合理引导工业用气和化工原料用气。支持车船使用液化天然气作为燃料。

103. 如何大力发展可再生能源和新能源？

实施可再生能源替代行动，大力发展风能、太阳能、生物质能、海洋能、地热能等，不断提高非化石能源消费比重。坚持集中式与分布式并举，加快建设风电和光伏发电基地，优先推动风能、太阳能就地就近开发利用。加快智能光伏产业创新升级和特色应用，创新"光伏+"模式，推进光伏发电多元布局。坚持陆海并重，推动风电协调快速发展，完善海上风电产业链，鼓励建设海上风电基地。因地制宜开发水能，积极推进水电基地建设，推动金沙江上游、澜沧江上游、雅砻江中游、黄河上游等已纳入规划、符合生态保护要求的水电项目开工建设，推进雅鲁藏布江下游水电开发，推动小水电绿色发展。推动西南地区水电与风电、太阳能发电协同互补。积极安全有序发展核电，积极推动高温气冷堆、快堆、模块化小型堆、海上浮动堆等先进堆型示范工程，开展核能综合利用示范。因地制宜发展生物质发电、生物质能清洁供暖和生物天然气。统筹推进氢能"制储输用"全链条发展。构建以新能源为主体的新型电力系统，提高电网对高比例可再生能源的消纳和调控能力。

104. 如何深化能源体制机制改革？

全面推进电力市场化改革，加快培育发展配售电环节独立市场主体，完善中长期市场、现货市场和辅助服务市场衔接机制，扩大市场化交易规模。推进电网体制改革，明确以消纳可再生能源为主的增量配电网、微电网和分布式电源的市场主体地位。加快形成以储能和调峰能力为基础支撑的新增电力装机发展机制。完善电力等能源品种价格市场化形成机制。从有利于节能的角度深化电价改革，理顺输配电价结构，全面放开竞争性环节电价。推进煤炭、油气等市场化改革，加快完善能源统一市场。

105. 如何构建新一代电力系统（零碳电力系统）？

新一代电力系统是以构建清洁低碳、安全高效的现代能源体系为目标而发展的，主要包括以下技术特征：高比例的可再生能源、充足的系统灵活性、高标准的系统可靠性、坚强智能的输配电网、泛在的智能用电设备。新一代电力系统及未来能源互联网建设本质是更多清洁可再生能源以更高效、更安全、更经济的方式实现生产、消费的闭环过程，其面临的最大制约因素是如何兼顾原有电力系统格局，这既包括电网物理结构格局，也包括电力体制格局。一方面，需要鼓励能源信息技术创新，让能源转换、能源存储等关键技术能够不断突破；另一方面，除构成电力系统的源、网、荷、储等基本环节的发展外，还需发挥市场机制的作用，进一步推进电力体制改革，让能源交易效率更高、交易成本更低。此外，构建新一代电力系统还需按照电力供需"紧平衡"原则开展规划，统筹安全质量和效率效益，用好存量、做优增量，着力提升电力系统整体效率。

106. 如何加强数据中心绿色高质量发展？

数据中心是用能非常集中的大型设施，绿色低碳发展是未来发展方向。鼓励重点行业利用绿色数据中心等新型基础设施实现节能降耗。新建大型、超大型数据中心电能利用效率不超过1.3。到2025年，数据中心电能利用效率普遍不超过1.5。加快优化数据中心建设布局，新建大型、超大型数据中心原则上布局在国家枢纽节点数据中心集群范围内。各地统筹好在建和拟建数据中心项目，设置合理过渡期，确保平稳有序发展。对于在国家枢纽节点之外新建的数据中心，地方政府不得给予土地、财税等方面的优惠政策。

积极推动工业领域尽早达峰

107. 工业领域碳达峰的基本思路是什么？

工业是产生碳排放的主要领域之一，对全国整体实现碳达峰具有重要影响。工业领域要加快绿色低碳转型和高质量发展，力争率先实现碳达峰。

优化产业结构，坚决遏制"两高"项目盲目发展，加快退出落后产能，大力发展战略性新兴产业，加快传统产业绿色低碳改造。促进工业能源消费低碳化，推动化石能源清洁高效利用，提高可再生能源应用比重，加强电力需求侧管理，提升工业电气化水平。深入实施绿色制造工程，大力推行绿色设计，完善绿色制造体系，建设绿色工厂和绿色工业园区。推进工业领域数字化智能化绿色化融合发展，加强重点行业和领域技术改造。推动钢铁、有色金属、建材、石化化工等重点行业碳达峰。

108. 如何推动钢铁行业碳达峰？

深化钢铁行业供给侧结构性改革，严格执行产能置换，严禁新增产能，推进存量优化，淘汰落后产能。推进钢铁企业跨地区、跨所有制兼并重组，提高行业集中度。优化生产力布局，以京津冀及周边地区为重点，继续压减钢铁产能。促进钢铁行业结构优化和清洁能源替代，大力推进非高炉炼铁技术示范，提升废钢资源回收利用水平，推行全废钢电炉工艺。推广先进适用技术，深挖节能降碳潜力，鼓励钢化联产，探索开展氢冶金、二氧化碳捕集利用一体化等试点示范，推动低品位余热供暖发展。

109. 如何推动有色金属行业碳达峰？

巩固化解电解铝过剩产能成果，严格执行产能置换，严控新增产能。推进清洁能源替代，提高水电、风电、太阳能发电等应用比重。加快再生有色金属产业发展，完善废弃有色金属资源回收、分选和加工网络，提高再生有色金属产量。加快推广应用先进适用绿色低碳技术，提升有色金属生产过程余热回收水平，推动单位产品能耗持续下降。

110. 如何推动建材行业碳达峰？

加强产能置换监管，加快低效产能退出，严禁新增水泥熟料、平板玻璃产能，引导建材行业向轻型化、集约化、制品化转型。推动水泥错峰生产常态化，合理缩短水泥熟料装置运转时间。因地制宜利用风能、太阳能等可再生能源，逐步提高电力、天然气应用比重。鼓励建材企业使用粉煤灰、工业废渣、尾矿渣等作为原料或水泥混合材。加快推进绿色建材产品认证和应用推广，加强新型胶凝材料、低碳混凝土、木竹建材等低碳建材产品研发应用。推广节能技术设备，开展能源管理体系建设，实现节能增效。

111. 如何推动石化化工行业碳达峰？

优化产能规模和布局，加大落后产能淘汰力度，有序淘汰落后和低效石化化工产能，有效化解结构性过剩矛盾。严格项目准入，合理安排建设时序，严控新增炼油和传统煤化工生产能力，稳妥有序发展现代煤化工，乙烯、PX产业发展以满足国内需求为主，适当控制建设规模，保持合理自给水平。引导企业转变用能方式，鼓励以电力、天然气等替代煤炭。调整原料结构，控制新增原料用煤，拓展富氢原料进口来源，推动石化化工原料轻质化。优化产品结构，促进石化化工与煤炭开采、冶金、建材、化纤等产业协同发展，加强炼厂干气、液化气等副产气体高效利用。

鼓励企业节能升级改造，推动能量梯级利用、物料循环利用。到2025年，国内原油一次加工能力控制在 10 亿吨以内，主要产品产能利用率提升至 80% 以上。

112. 如何加强工业固体废物处置？

以"三线一单"为抓手，严控高耗能、高排放项目盲目发展，大力发展绿色低碳产业，推行产品绿色设计，构建绿色供应链，实现源头减量。结合工业领域减污降碳要求，加快探索钢铁、有色、化工、建材等重点行业工业固体废物减量化路径，全面推行清洁生产。全面推进绿色矿山、"无废"矿区建设，推广尾矿等大宗工业固体废物环境友好型井下充填回填，减少尾矿库贮存量。推动大宗工业固体废物在提取有价组分、生产建材、筑路、生态修复、土壤治理等领域的规模化利用。以锰渣、赤泥、废盐等难利用冶炼渣、化工渣为重点，加强贮存处置环节环境管理，推动建设符合国家有关标准的贮存处置设施。支持金属冶炼、造纸、汽车制造等龙头企业与再生资源回收加工企业合作，建设一体化废钢铁、废有色金属、废纸等绿色分拣加工配送中心和废旧动力电池回收中心。加快绿色园区建设，推动园区企业内、企业间和产业间物料闭路循环，实现固体废物循环利用。推动利用水泥窑、燃煤锅炉等协同处置固体废物。开展历史遗留固体废物排查、分类整治，加快历史遗留问题解决。

加快推动交通低碳发展进程

113. 交通行业碳达峰碳中和的基本思路是什么？

以交通工具动力革命和能效提升为关键，推进交通运输基础设施低碳建设改造，提高科技创新水平和系统集成应用，协同推进移动源减污降碳工作，强化交通能源融合互动，促进交通运输系统低碳和近零碳发展。

加快建设综合立体交通网，大力发展多式联运，提高铁路、水路在综合运输中的承运比重，持续降低运输能耗和二氧化碳排放强度。优化客运组织，引导客运企业规模化、集约化经营。加快发展绿色物流，整合运输资源，提高利用效率。加快发展新能源和清洁能源车船，推广智能交通，推进铁路电气化改造，推动加氢站建设，促进船舶靠港使用岸电常态化。加快构建便利高效、适度超前的充换电网络体系。提高燃油车船能效标准，健全交通运输装备能效标识制度，加快淘汰高能耗高排放老旧车船。积极引导低碳出行，推进公交都市建设，构建以城市轨道交通为骨干、常规公交为主体的城市公共交通系统，因地制宜构建快速公交、微循环公交等城市公交服务系统。加快城市轨道交通、公交专用道、快速公交系统等大容量公共交通基础设施建设，加强自行车专用道和行人步道等城市慢行系统建设，提高非机动车道的连续性和通畅性，改善行人过街设施条件。综合运用法律、经济、行政等交通管理措施，加大城市交通拥堵治理力度。

114. 推动运输工具低碳转型的方式有哪些?

积极扩大电力、氢能、天然气、先进生物液体燃料等新能源、清洁能源在交通运输领域应用，加快运输工具电气化清洁化替代。大力推广新能源汽车，逐步降低传统燃油汽车在新车产销和汽车保有量中的占比，推动城市公共服务车辆电动化替代，推广电力、氢燃料、液化天然气动力重型货运车辆。提升铁路系统电气化水平。加快老旧船舶更新改造，发展电动、液化天然气动力船舶，深入推进船舶靠港使用岸电，因地制宜开展沿海、内河绿色智能船舶示范应用。提升机场运行电动化智能化水平，发展新能源航空器。

115. 如何构建绿色高效交通运输体系？

发展智能交通，推动不同运输方式合理分工、有效衔接，降低空载率和不合理客货运周转量。大力发展以铁路、水路为骨干的多式联运，推进工矿企业、港口、物流园区等铁路专用线建设，加快内河高等级航道网建设，加快大宗货物和中长距离货物运输"公转铁""公转水"。加快先进适用技术应用，提升民航运行管理效率，引导航空企业加强智慧运行，实现系统化节能降碳。加快城乡物流配送体系建设，创新绿色低碳、集约高效的配送模式。打造高效衔接、快捷舒适的公共交通服务体系，积极引导公众选择绿色低碳交通方式。

116. 如何建设绿色交通基础设施？

将绿色低碳理念贯穿于交通基础设施规划、建设、运营和维护全过程，降低全生命周期能耗和碳排放。开展交通基础设施绿色化提升改造，统筹利用综合运输通道线位、土地、空域等资源，加大岸线、锚地等资源整合力度，提高利用效率。有序推进充电桩、配套电网、加注（气）站、加氢站等基础设施建设，提升城市公共交通基础设施水平，民用运输机场场内车辆装备等力争全面实现电动化。

加快推进城乡建设绿色低碳发展

117. 城乡建设碳达峰碳中和的基本思路是什么？

在城乡规划建设管理各环节全面落实绿色低碳要求。推动城市组团式发展，建设城市生态和通风廊道，提升城市绿化水平。合理规划城镇建筑面积发展目标，严格管控高能耗公共建筑建设。实施工程建设全过程绿色建造，制定建筑拆除管理制度。加快推进绿色社区建设。结合实施乡村建设行动，推进县城和农村绿色低碳发展。持续提高新建建筑节能标准，加快推进超低能耗、近零能耗、低碳建筑规模化发展。大力推进城镇既有建筑和市政基础设施节能改造，提升建筑节能低碳水平。逐步开展建筑能耗限额管理，推行建筑能效测评标识，开展建筑领域低碳发展绩效评估。全面推广绿色低碳建材，推动建筑材料循环利用。发展绿色农房。深化可再生能源建筑应用，加快推动建筑用能电气化和低碳化。开展建筑屋顶光伏行动，大幅提高建筑采暖、生活热水、炊事等电气化普及率。在北方城镇加快推进热电联产集中供暖，加快工业余热供暖规模化发展，积极稳妥推进核电余热供暖，因地制宜推进热泵、燃气、生物质能、地热能等清洁低碳供暖。

118. 如何推进城乡建设绿色低碳转型？

推动城市组团式发展，科学确定建设规模，控制新增建设用地过快增长。倡导绿色低碳规划设计理念，增强城乡气候韧性，建设海绵城市。推广绿色低碳建材和绿色建造方式，加快推进新型建筑工业化，大力发展装配式建筑，推广钢结构住宅，推动建材循环利用，强化绿色设计和绿色施工管理。加强县城绿色低碳建设。推动建立以绿色低碳为导向的城乡规划建设管理机制，制定建筑拆除管理办法，杜绝大拆大建。建设绿色城镇、绿色社区。

119. 如何优化建筑用能结构？

深化可再生能源建筑应用，推广光伏发电与建筑一体化应用。积极推动严寒、寒冷地区清洁取暖，推进热电联产集中供暖，加快工业余热供暖规模化应用，积极稳妥开展核能供热示范，因地制宜推行热泵、生物质能、地热能、太阳能等清洁低碳供暖。引导夏热冬冷地区科学取暖，因地制宜采用清洁高效取暖方式。提高建筑终端电气化水平，建设集光伏发电、储能、直流配电、柔性用电于一体的"光储直柔"建筑。大幅提高城镇建筑可再生能源替代率、新建公共机构建筑、新建厂房屋顶光伏覆盖率。

120. 如何推进农村建设和用能低碳转型？

推进绿色农房建设，加快农房节能改造。持续推进农村地区清洁取暖，因地制宜选择适宜取暖方式。发展节能低碳农业大棚。推广节能环保灶具、电动农用车辆、节能环保农机和渔船。加快生物质能、太阳能等可再生能源在农业生产和农村生活中的应用。加强农村电网建设，提升农村用能电气化水平。

积极推进生态系统固碳增汇行动

121. 生态系统固碳增汇的基本思路是什么？

提升生态碳汇能力，要以习近平生态文明思想为指导，全面践行绿水青山就是金山银山理念，强化顶层设计，坚持"整体保护、系统修复、综合治理、示范引领"原则，遵循"节约优先、保护优先、自然恢复为主"方针，按照"以林护山、以山养水、以水丰湖、以湖润田"的思路，重点围绕强化国土空间管控分区引导、山水林田湖草沙系统修复治理、森林质量精准提升等任务措施，整体推进治山、洁水、造林、良田、净湖，进一步筑牢重要生态安全屏障功能，提高生态系统质量和稳定性，不断巩固生态系统碳汇能力和提升生态系统碳汇增量。

122. 如何巩固生态系统固碳作用？

强化国土空间规划和用途管控，结合国土空间规划编制和实施，构建有利于碳达峰、碳中和的国土空间开发保护格局。严守生态保护红线，严控生态空间占用，建立以国家公园为主体的自然保护地体系，稳定现有森林、草原、湿地、海洋、土壤、冻土、岩溶等固碳作用。严格控制新增建设用地规模，推动城乡存量建设用地盘活利用。严格执行土地使用标准，加强节约集约用地评价，推广节地技术和节地模式。

123. 如何提升生态系统碳汇能力？

实施生态保护修复重大工程，开展山水林田湖草沙一体化保护和修复。深入推进大规模国土绿化行动，巩固退耕还林还草成果，扩大林草资源总量。强化森林资源保护，实施森林质量精准提升工程，提高森林质量和稳定性。加强草原生态保护修复，提高草原综合植被盖度。加强河湖、湿地保护修复。整体推进海洋生态系统保护和修复，提升红树林、海草床、盐沼等固碳能力。加强退化土地修复治理，开展荒漠化、石漠化、水土流失综合治理，实施历史遗留矿山生态修复工程。积极推动岩溶碳汇开发利用。

124. 农业领域"双碳"工作的总体思路是什么？主要减排措施有哪些？

农业领域"双碳"工作的主要思路是：以保障粮食安全和重要农产品有效供给为前提，以全面推进乡村振兴、加快农业农村现代化为引领，以农业农村绿色低碳发展为关键，以实施减排固碳重大行动为抓手，全面提升农业综合生产能力，降低农业温室气体排放强度，提高农田土壤固碳能力，构建和完善农业温室气体监测评估体系，加快形成节约资源和保护环境的农业农村产业结构、生产方式、生活方式、空间格局。

农业领域主要的碳减排措施包括: 大力发展绿色低碳循环农业, 推进农光互补、"光伏 + 设施农业"、"海上风电 + 海洋牧场"等低碳农业模式, 实现大棚、冷库等设施农业用能零排放。清查整顿淘汰手扶拖拉机运输机组、农田作业拖拉机拖挂货厢等具备道路运输功能的拖拉机, 加快农业机械淘汰和升级换代, 加快绿色高效农机集中推广应用。积极开展区域性农机综合服务中心项目建设, 提高存量农机具使用率。有序推进"高排放、高污染、低效能"渔船改造升级。严格农业投入品源头管理, 合理控制化肥、农药、地膜使用量, 实施化肥农药减量替代计划。加大肥药定额制示范区建设和试点主体培育力度, 深化规模主体免费测土配方服务, 推广有机肥、配方肥、缓(控)释肥和水肥一体化、侧深施肥技术。开展耕地质量提升行动, 实施国家黑土地保护工程, 实施土壤改良和生态修复, 增加土壤有机碳储量, 提高土壤肥力和农业生产力。大力推进农业废弃物资源化, 推进农作物秸秆收储利用能力建设, 加强农作物秸秆综合利用技术集成与示范推广, 加强畜禽粪污资源化利用。

加快发展循环经济

125. "双碳"形势下发展循环经济的基本思路是什么?

发展循环经济是我国经济社会发展的一项重大战略。遵循"减量化、再利用、资源化"原则, 着力建设资源循环型产业体系, 加快构建废旧物资循环利用体系, 深化农业循环经济发展, 全面提高资源利用效率, 提升再生资源利用水平, 建立健全绿色低碳循环发展经济体系, 为经济社会可持续发展提供资源保障。

126. "双碳"形势下如何加强大宗固废综合利用?

提高矿产资源综合开发利用水平和综合利用率,以煤矸石、粉煤灰、尾矿、共伴生矿、冶炼渣、工业副产石膏、建筑垃圾、农作物秸秆等大宗固废为重点,支持大掺量、规模化、高值化利用,鼓励应用于替代原生非金属矿、砂石等资源。在确保安全环保前提下,探索将磷石膏应用于土壤改良、井下充填、路基修筑等。推动建筑垃圾资源化利用,推广废弃路面材料原地再生利用。加快推进秸秆高值化利用,完善收储运体系,严格禁烧管控。加快大宗固废综合利用示范建设。

127. "双碳"形势下如何推进产业园区循环化发展?

以提升资源产出率和循环利用率为目标,优化园区空间布局,开展园区循环化改造。推动园区企业循环式生产、产业循环式组合,组织企业实施清洁生产改造,促进废物综合利用、能量梯级利用、水资源循环利用,推进工业余压余热、废气废液废渣资源化利用,积极推广集中供气供热。搭建基础设施和公共服务共享平台,加强园区物质流管理。

在优化产业空间布局方面,可根据物质流和产业关联性,优化园区内的企业、产业和基础设施的空间布局,体现产业集聚和循环链接效应,积极推广集中供气供热供水,实现土地的节约集约高效利用。

在促进产业循环链接方面,按照"横向耦合、纵向延伸、循环链接"原则,建设和引进关键项目,合理延伸产业链,推动产业循环式组合、企业循环式生产,促进项目间、企业间、产业间物料闭路循环、物尽其用,切实提高资源产出率。

就推动节能降碳而言,积极推动企业产品结构、生产工艺、技术装备优化升级,推进能源梯级利用和余热余压回收利用。因地制宜发展利用可再生能源,开展清洁能源替代改造,提高清洁能源消费占比。提高能源利用管理水平。

在推进资源高效利用、综合利用方面，鼓励园区重点企业全面推行清洁生产，促进原材料和废弃物源头减量。加强资源深度加工、伴生产品加工利用、副产物综合利用，推动产业废弃物回收及资源化利用。加强水资源高效利用、循环利用，推进中水回用和废水资源化利用。因地制宜开展海水淡化等非常规水利用。

在污染集中治理方面，加强废水、废气、废渣等污染物集中治理设施建设及升级改造，实行污染治理的专业化、集中化和产业化。强化园区的环境综合管理，构建园区、企业和产品等不同层次的环境治理和管理体系，最大限度地降低污染物排放。

128. 如何提升农业固体废物综合利用水平？

发展生态种植、生态养殖，建立农业循环经济发展模式，促进农业固体废物综合利用。鼓励和引导农民采用增施有机肥、秸秆还田、种植绿肥等技术，持续减少化肥农药使用比例。加大畜禽粪污和秸秆资源化利用先进技术和新型市场模式的集成推广，推动形成长效运行机制。探索推动农膜、农药包装等生产者责任延伸制度，着力构建回收体系。以龙头企业带动工农复合型产业发展。统筹农业固体废物能源化利用和农村清洁能源供应，推动农村发展生物质能。

129. 如何推进建筑垃圾综合利用？

大力发展节能低碳建筑，全面推广绿色低碳建材，推动建筑材料循环利用。落实建设单位建筑垃圾减量化的主体责任，将建筑垃圾减量化措施费用纳入工程概算。以保障性住房、政策投资或以政府投资为主的公建项目为重点，大力发展装配式建筑，有序提高绿色建筑占新建建筑的比例。推行全装修交付，减少施工现场建筑垃圾产生。各地制定完善施工现场建筑垃圾分类、收集、统计、处置和再生利用等相关标准。鼓励建筑垃圾再生骨料及制品在建筑工程和道路工程中应用。推动在土方平衡、林业用土、环境治理、烧结制品及回填等领域大量利用经处理后的建筑垃圾。开展存量建筑垃圾治理，对堆放量较大、较集中的堆放点，经治理、评估后达到安全稳定要求，进行生态修复。

130. 如何促进生活源固体废物减量化、资源化？

以节约型机关、绿色采购、绿色饭店、绿色学校、绿色商场、绿色快递网点（分拨中心）、"无废"景区等为抓手，大力倡导"无废"理念，推动形成简约适度、绿色低碳、文明健康的生活方式和消费模式。坚决制止餐饮浪费行为，推广"光盘行动"，引导消费者合理消费。积极发展共享经济，推动二手商品交易和流通。深入推进生活垃圾分类工作，建立完善分类投放、分类收集、分类运输、分类处理系统。构建城乡融合的农村生活垃圾治理体系，推动城乡环卫制度并轨。加快构建废旧物资循环利用体系，推进垃圾分类收运与再生资源回收"两网融合"，促进玻璃等低值可回收物回收利用。完善废旧家电回收处理管理制度和支持政策，畅通家电生产消费回收处理全产业链条。提升城市垃圾中转站建设水平，建设环保达标的垃圾中转站。提升厨余垃圾资源化利用能力，着力解决好堆肥、沼液、沼渣等产品应用的"梗阻"问题，加强餐厨垃圾收运处置监管。提高生活垃圾焚烧能力，大幅减少生活垃圾填埋处置，规范生活垃圾填埋场管理，减少甲烷等温室气体排放。推进市政污泥源头减量，压减填埋规模，推进资源化利用。推进塑料污染全链条治理，大幅减少一次性塑料制品使用，推动可降解替代产品应用，加强废弃塑料制品回收利用。加快快递包装绿色转型，推广可循环绿色包装应用。开展海洋塑料垃圾清理整治。

131. 如何强化危险废物监管和利用处置?

支持研发、推广减少工业危险废物产生量和降低工业危险废物危害性的生产工艺和设备，从源头减少危险废物产生量、降低危害性。以废矿物油、废铅蓄电池、实验室废物等为重点，开展小微企业、科研机构、学校等产生的危险废物收集转运服务。开展工业园区危险废物集中收集贮存试点，推动收集转运贮存专业化。强化危险废物利用处置企业的土壤地下水污染预防和风险管控，督促企业依法落实土壤污染隐患排查等义务；促进规模化发展、专业化运营，提升集中处置基础保障能力。在环境风险可控的前提下，探索"点对点"定向利用豁免管理。完善医疗废物收集转运处置体系，保障重大疫情医疗废物应急处理能力，完善应急处置机制。加强区域难处置危险废物暂存设施建设。建立危险废物环境风险区域联防联控机制，强化部门间信息共享、监管协作和联动执法工作机制，形成工作合力。严厉打击非法排放、倾倒、收集、贮存、转移、利用或处置危险废物等环境违法犯罪行为，实施生态环境损害赔偿制度。

倡导低碳生活

132. 绿色低碳全民行动的基本思路是什么?

公众行为改变是碳减排不可或缺的一部分，社会全面动员、企业积极行动、全民广泛参与是实现生活方式和消费模式绿色转变的重要推动力。重点围绕加强生态文明宣传教育、推广绿色低碳生活方式、引导企业履行社会责任、强化领导干部培训等任务措施，倡导简约适度、绿色低碳、文明健康的生活方式，增强全民节约意识、环保意识、生态意识，把绿色理念转化为全体人民的自觉行动。

133. 如何加强生态文明宣传教育？

将生态文明教育纳入国民教育体系，开展多种形式的资源环境国情教育，普及碳达峰、碳中和基础知识。加强对公众的生态文明科普教育，将绿色低碳理念有机融入文艺作品，制作文创产品和公益广告，持续开展世界地球日、世界环境日、全国节能宣传周、全国低碳日等主题宣传活动，增强社会公众绿色低碳意识，推动生态文明理念更加深入人心。

134. 如何推广绿色低碳生活方式？

坚决遏制奢侈浪费和不合理消费，着力破除奢靡铺张的歪风陋习，坚决制止餐饮浪费行为。在全社会倡导节约用能，开展绿色低碳社会行动示范创建，深入推进绿色生活创建行动，评选宣传一批优秀示范典型，营造绿色低碳生活新风尚。大力发展绿色消费，推广绿色低碳产品，完善绿色产品认证与标识制度。提升绿色产品在政府采购中的比例。

135. 如何引导企业履行社会责任？

引导企业主动适应绿色低碳发展要求，强化环境责任意识，加强能源资源节约，提升绿色创新水平。重点领域国有企业特别是中央企业要制定实施企业碳达峰行动方案，发挥示范引领作用。重点用能单位要梳理核算自身碳排放情况，深入研究碳减排路径，"一企一策"制定专项工作方案，推进节能降碳。相关上市公司和发债企业要按照环境信息依法披露要求，定期公布企业碳排放信息。充分发挥行业协会等社会团体作用，督促企业自觉履行社会责任。

136. 如何强化领导干部碳达峰碳中和培训？

将学习贯彻习近平生态文明思想作为干部教育培训的重要内容，各级党校（行政学院）要把碳达峰、碳中和相关内容列入教学计划，分阶段、多层次对各级领导干部开展培训，普及科学知识，宣讲政策要点，强化法治意识，深化各级领导干部对碳达峰、碳中和工作重要性、紧迫性、科学性、系统性的认识。从事绿色低碳发展相关工作的领导干部要尽快提升专业素养和业务能力，切实增强推动绿色低碳发展的本领。

137. 政府机关如何引领绿色低碳？

充分发挥政府机关示范引领作用，大力开展绿色节约型机关创建，指导各单位开展节能降耗工作。加大政府绿色采购力度，加强对绿色采购链上相关参与主体的宣传教育，采购单位要严格执行绿色产品采购政策，健全采购管理制度，落实责任主体；财政部门要切实加强对政府采购绿色产品的监督检查，加大对违规采购行为的处罚力度。引领绿色低碳办公新风尚，使用循环再生办公用品，提倡纸张双面使用，推行网上办公、无纸化办公。充分采用自然采光，合理设置空调温度，采取有效节能节水管理措施，实施用电、用水分项计量，推广使用高效节能照明光源，减少办公耗材以及办公设备的待机消耗。发挥政府机关人员杜绝餐饮浪费的示范作用，通过餐前提醒、餐后监督以及推出小份菜和拼盘菜等多种形式，杜绝餐桌浪费，倡导文明就餐，以实际行动珍惜粮食、抵制浪费。率先全面实施生活垃圾分类制度，合理配置机关办公区垃圾分类容器设施，张贴分类投放标识，建立生活垃圾分类收集与清运台账，定期公示垃圾清运数量。

138. 公共机构如何践行绿色低碳？

加强公共机构节能能力建设，积极开展能耗数据统计等业务培训，对公共机构单位进行用能常态化监测，健全完善各级公共机构名录库，探索实施合同能源管理新模式。在学校、医院、图书馆等公共机构实施绿色化改造行动、可再生能源替代行动、节水护水行动、绿色办公行动和数字赋能行动等绿色低碳转型行动。实施公共机构能耗管理奖励、通报制度，推动公共机构节约能源资源工作纳入绩效考核以及文明单位创建等活动指标体系。结合全国公共机构节能宣传周、低碳日、世界水日等活动，积极开展节约能源资源宣传实践活动。

139. 商场企业如何推进绿色低碳？

积极开展"绿色商场"创建活动。推进塑料污染专项整治，积极引导商场、超市等场所，通过积分奖励等激励手段推广使用环保布袋、纸袋等非塑制品和可降解塑料袋，鼓励设置自助式、智能化投放装置，推广使用生鲜产品可降解包装膜（袋）。推广绿色采购，鼓励企业选用绿色低碳产品，打造全链条绿色办公。推广企业采用可完全降解的快递袋和无需使用封箱胶带的拉链式快递纸箱，避免快递包裹的过度包装。倡导企业大力推进绿色环保回收，提高废旧物品利用率。

140. 社区如何推动绿色低碳？

按照绿色低碳、便捷舒适、生态环保的要求，持续推动低碳社区建设，支持有条件的社区打造低碳社区示范点。探索应用"太阳能＋空气能"的热水系统、"光伏＋储能"的供电系统、"热泵＋储冷储热"的集中供冷（热）系统，降低社区能耗水平。选用可持续的建筑材料，增加建筑布局密度，减少建筑物散热，最大可能延长建筑寿命。建立社区低碳组织进行社区低碳管理，增强居民对社区的归属感和自豪感，进而发掘培育社区的低碳价值和文化，实现自下而上的社区低碳建设。

141. 公众如何做到绿色低碳出行？

长途旅行时，在适宜情况下放弃飞机而改成火车的话，二氧化碳的排放量能够降低90%以上。尽量避免在车后备厢放置无用的重物，减轻车身重量，例如少放一箱矿泉水每年可减少碳排放2千克。日常出行时，鼓励选择步行、骑单车或乘坐公共交通工具等方式，从而减少私家车、出租车的使用；研究表明，乘出租车的碳排放量是坐公共汽车的7倍、乘地铁的14倍。家庭购车，优先选择新能源汽车或节能型汽车。合理规划驾车出行路线，避开拥堵路段。

强化保障措施

142. 如何推动各地区梯次有序碳达峰？

各地区要准确把握自身发展定位，结合本地区经济社会发展实际和资源环境禀赋，坚持分类施策、因地制宜、上下联动，梯次有序推进碳达峰。

一是科学合理确定有序达峰目标。碳排放已经基本稳定的地区要巩固减排成果，在率先实现碳达峰的基础上进一步降低碳排放。产业结构较轻、能源结构较优的地区要坚持绿色低碳发展，坚决不走依靠"两高"项目拉动经济增长的老路，力争率先实现碳达峰。产业结构偏重、能源结构偏煤的地区和资源型地区要把节能降碳摆在突出位置，大力优化调整产业结构和能源结构，逐步实现碳排放增长与经济增长脱钩，力争与全国同步实现碳达峰。

二是因地制宜推进绿色低碳发展。各地区要结合区域重大战略、区域协调发展战略和主体功能区战略，从实际出发推进本地区绿色低碳发展。京津冀、长三角、粤港澳大湾区等区域要发挥高质量发展动力源和增长极作用，率先推动经济社会发展全面绿色转型。长江经济带、黄河流域和国家生态文明试验区要严格落实生态优先、绿色发展战略导向，在绿色低碳发展方面走在全国前列。中西部和东北地区要着力优化能源结构，按照产业政策和能耗双控要求，有序推动高耗能行业向清洁能源优势地区集中，积极培育绿色发展动能。

三是上下联动制定地方达峰方案。各省、自治区、直辖市人民政府要按照国家总体部署，结合本地区资源环境禀赋、产业布局、发展阶段等，坚持全国一盘棋，不抢跑，科学制定本地区碳达峰行动方案，提出符合实际、切实可行的碳达峰时间表、路线图、施工图，避免"一刀切"限电限产或运动式"减碳"。各地区碳达峰行动方案经碳达峰碳中和工作领导小组综合平衡、审核通过后，由地方自行印发实施。

四是组织开展碳达峰试点建设。加大中央对地方推进碳达峰的支持力度，选择 100 个具有典型代表性的城市和园区开展碳达峰试点建设，在政策、资金、技术等方面对试点城市和园区给予支持，加快实现绿色低碳转型，为全国提供可操作、可复制、可推广的经验做法。

143. 如何开展绿色低碳科技创新行动？

发挥科技创新的支撑引领作用，完善科技创新体制机制，强化创新能力，加快绿色低碳科技革命。重点可围绕以下方面，开展绿色低碳科技创新行动：

一是完善创新体制机制。制定科技支撑碳达峰碳中和行动方案，在国家重点研发计划中设立碳达峰碳中和关键技术研究与示范等重点专项，采取"揭榜挂帅"机制，开展低碳零碳负碳关键核心技术攻关。将绿色低碳技术创新成果纳入高等学校、科研单位、国有企业有关绩效考核。强化企业创新主体地位，支持企业承担国家绿色低碳重大科技项目，鼓励设施、数据等资源开放共享。推进国家绿色技术交易中心建设，加快创新成果转化。加强绿色低碳技术和产品知识产权保护。完善绿色低碳技术和产品检测、评估、认证体系。

二是加强创新能力建设和人才培养。组建碳达峰碳中和相关国家实验室、国家重点实验室和国家技术创新中心，适度超前布局国家重大科技基础设施，引导企业、高等学校、科研单位共建一批国家绿色低碳产业创新中心。创新人才培养模式，鼓励高等学校加快新能源、储能、氢能、碳减排、碳汇、碳排放权交易等学科建设和人才培养，建设一批绿色低碳领域未来技术学院、现代产业学院和示范性能源学院。深化产教融合，鼓励校企联合开展产学合作协同育人项目，组建碳达峰碳中和产教融合发展联盟，建设一批国家储能技术产教融合创新平台。

三是强化应用基础研究。实施一批具有前瞻性、战略性的国家重大前沿科技项目，推动低碳零碳负碳技术装备研发取得突破性进展。聚焦化石能源绿色智能开发和清洁低碳利用、可再生能源大规模利用、新型电力系统、节能、氢能、储能、动力电池、二氧化碳捕集利用与封存等重点，深化应用基础研究。积极研发先进核电技术，加强可控核聚变等前沿颠覆性技术研究。

四是加快先进适用技术研发和推广应用。集中力量开展复杂大电网安全稳定运行和控制、大容量风电、高效光伏、大功率液化天然气发动机、大容量储能、低成本可再生能源制氢、低成本二氧化碳捕集利用与封存等技术创新，加快碳纤维、气凝胶、特种钢材等基础材料研发，补齐关键零部件、元器件、软件等短板。推广先进成熟绿色低碳技术，开展示范应用。建设全流程、集成化、规模化二氧化碳捕集利用与封存示范项目。推进熔盐储能供热和发电示范应用。加快氢能技术研发和示范应用，探索在工业、交通运输、建筑等领域规模化应用。

144. 如何建立统一规范的碳排放统计核算体系？

　　碳达峰和碳中和工作领导小组办公室设立碳排放统计核算工作组，为加快建立统一规范的碳排放统计核算体系，提升碳排放统计核算工作制度化、规范化水平，切实提高相关数据权威性、时效性和准确性提供了组织保障。下一步，需要重点从以下方面做好碳排放统计核算工作：一是要充分发挥我国制度优势，在原有的碳排放核算和能耗统计体系基础上，加快建立以二氧化碳排放为统领的统计核算制度体系和标准体系，并结合实际情况逐步拓展到其他温室气体。二是在统计核算体系制定过程中，各部门要形成合力，坚持全局观、因事制宜、抓重点、简便易操作等原则，做到科学有效、简明适用，不过多增加相关主体的碳统计核算负担，有力有效服务于各地区、各行业、大型企业等制定实施碳达峰行动计划。三是在具体方法学上，支持行业、企业依据自身特点开展碳排放核算方法学研究，建立健全碳排放计量体系；推进碳排放实测技术发展，加快遥感测量、大数据、云计算等新兴技术在碳排放实测技术领域的应用，提高统计核算水平；积极参与国际碳排放核算方法研究，推动建立更为公平合理的碳排放核算方法体系。

145. 如何健全相关法律法规标准？

　　全面清理现行法律法规中与碳达峰、碳中和工作不相适应的内容，加强法律法规间的衔接协调。构建有利于绿色低碳发展的法律体系，推动能源法、节约能源法、电力法、煤炭法、可再生能源法、循环经济促进法、清洁生产促进法等的制定修订。加快节能标准更新，修订一批能耗限额、产品设备能效强制性国家标准和工程建设标准，提高节能降碳要求。健全可再生能源标准体系，加快相关领域标准制定修订。建立健全氢制、储、输、用标准。完善工业绿色低碳标准体系。建立重点企业碳排放核算、报告、核查等标准，探索建立重点产品全生命周期碳足迹标准。积极参与国际能效、低碳等标准制定修订，加强国际标准协调。

146. 有哪些经济政策需要完善？

建立健全有利于绿色低碳发展的税收政策体系，落实和完善节能节水、资源综合利用等税收优惠政策，更好发挥税收对市场主体绿色低碳发展的促进作用。完善绿色电价政策，健全居民阶梯电价制度和分时电价政策，探索建立分时电价动态调整机制。完善绿色金融评价机制，建立健全绿色金融标准体系。大力发展绿色贷款、绿色股权、绿色债券、绿色保险、绿色基金等金融工具，设立碳减排支持工具，引导金融机构为绿色低碳项目提供长期限、低成本资金，鼓励开发性政策性金融机构按照市场化法治化原则为碳达峰行动提供长期稳定融资支持。拓展绿色债券市场的深度和广度，支持符合条件的绿色企业上市融资、挂牌融资和再融资。研究设立国家低碳转型基金，支持传统产业和资源富集地区绿色转型。鼓励社会资本以市场化方式设立绿色低碳产业投资基金。

147. 如何建立健全市场化机制？

依托公共资源交易平台，加快建设完善全国碳排放权交易市场，逐步扩大市场覆盖范围，丰富交易品种和交易方式，完善配额分配管理。将碳汇交易纳入全国碳排放权交易市场，建立健全能够体现碳汇价值的生态保护补偿机制。健全企业、金融机构等碳排放报告和信息披露制度。完善用能权有偿使用和交易制度，加快建设全国用能权交易市场。加强电力交易、用能权交易和碳排放权交易的统筹衔接。发展市场化节能方式，推行合同能源管理，推广节能综合服务。

148. 如何提升统计监测能力？

健全电力、钢铁、建筑等行业领域能耗统计监测和计量体系，加强重点用能单位能耗在线监测系统建设。加强二氧化碳排放统计核算能力建设，提升信息化实测水平。依托和拓展自然资源调查监测体系，建立生态系统碳汇监测核算体系，开展森林、草原、湿地、海洋、土壤、冻土、岩溶等碳汇本底调查和碳储量评估，实施生态保护修复碳汇成效监测评估。

149. 如何提高对外开放绿色低碳发展水平？

加快建立绿色贸易体系。持续优化贸易结构，大力发展高质量、高技术、高附加值绿色产品贸易。完善出口政策，严格管理高耗能高排放产品出口。积极扩大绿色低碳产品、节能环保服务、环境服务等进口。

推进绿色"一带一路"建设。加快"一带一路"投资合作绿色转型。支持共建"一带一路"国家开展清洁能源开发利用。大力推动南南合作，帮助发展中国家提高应对气候变化能力。深化与各国在绿色技术、绿色装备、绿色服务、绿色基础设施建设等方面的交流与合作，积极推动我国新能源等绿色低碳技术和产品走出去，让绿色成为共建"一带一路"的底色。

加强国际交流与合作。积极参与应对气候变化国际谈判，坚持我国发展中国家定位，坚持共同但有区别的责任原则、公平原则和各自能力原则，维护我国发展权益。履行《联合国气候变化框架公约》及其《巴黎协定》，发布我国长期温室气体低排放发展战略，积极参与国际规则和标准制定，推动建立公平合理、合作共赢的全球气候治理体系。加强应对气候变化国际交流合作，统筹国内外工作，主动参与全球气候和环境治理。

150. 如何强化组织实施？

一是加强统筹协调。加强党中央对碳达峰、碳中和工作的集中统一领导，碳达峰碳中和工作领导小组对碳达峰相关工作进行整体部署和系统推进，统筹研究重要事项、制定重大政策。碳达峰碳中和工作领导小组成员单位要按照党中央、国务院决策部署和领导小组工作要求，扎实推进相关工作。碳达峰碳中和工作领导小组办公室要加强统筹协调，定期对各地区和重点领域、重点行业工作进展情况进行调度，科学提出碳达峰分步骤的时间表、路线图，督促将各项目标任务落实落细。

二是强化责任落实。各地区各有关部门要深刻认识碳达峰、碳中和工作的重要性、紧迫性、复杂性，切实扛起责任，按照《中共中央 国务院关于完整准确全面贯彻新发展理念做好碳达峰碳中和工作的意见》和《2030年前碳达峰行动方案》确定的主要目标和重点任务，着力抓好各项任务落实，确保政策到位、措施到位、成效到位，落实情况纳入中央和省级生态环境保护督察。各相关单位、人民团体、社会组织要按照国家有关部署，积极发挥自身作用，推进绿色低碳发展。

三是严格监督考核。实施以碳强度控制为主、碳排放总量控制为辅的制度，对能源消费和碳排放指标实行协同管理、协同分解、协同考核，逐步建立系统完善的碳达峰碳中和综合评价考核制度。加强监督考核结果应用，对碳达峰工作成效突出的地区、单位和个人按规定给予表彰奖励，对未完成目标任务的地区、部门依规依法实行通报批评和约谈问责。各省、自治区、直辖市人民政府要组织开展碳达峰目标任务年度评估，有关工作进展和重大问题要及时向碳达峰碳中和工作领导小组报告。

附　录

习近平总书记关于碳达峰碳中和的重要论述

实现碳达峰、碳中和，是以习近平同志为核心的党中央作出的重大战略决策。自 2020 年 9 月 22 日在第七十五届联合国大会上作出"二氧化碳排放力争于 2030 年前达到峰值，努力争取 2060 年前实现碳中和"这一承诺以来，习近平总书记多次就碳达峰、碳中和作出重要论述。

中国将为全球应对气候变化作出更大贡献

应对气候变化《巴黎协定》代表了全球绿色低碳转型的大方向，是保护地球家园需要采取的最低限度行动，各国必须迈出决定性步伐。中国将提高国家自主贡献力度，采取更加有力的政策和措施，二氧化碳排放力争于 2030 年前达到峰值，努力争取 2060 年前实现碳中和。

——2020 年 9 月 22 日在第七十五届联合国大会一般性辩论上的讲话，
《人民日报》2020 年 9 月 23 日

中国将秉持人类命运共同体理念，继续作出艰苦卓绝努力，提高国家自主贡献力度，采取更加有力的政策和措施，二氧化碳排放力争于 2030 年前达到峰值，努力争取 2060 年前实现碳中和，为实现应对气候变化《巴黎协定》确定的目标作出更大努力和贡献。

——2020 年 9 月 30 日在联合国生物多样性峰会上的讲话，
《人民日报》2020 年 10 月 1 日

　　绿色经济是人类发展的潮流，也是促进复苏的关键。中欧都坚持绿色发展理念，致力于落实应对气候变化《巴黎协定》。不久前，我提出中国将提高国家自主贡献力度，力争 2030 年前二氧化碳排放达到峰值，2060 年前实现碳中和，中方将为此制定实施规划。我们愿同欧方、法方以明年分别举办生物多样性、气候变化、自然保护国际会议为契机，深化相关合作。

　　　　　　　　——2020 年 11 月 12 日在第三届巴黎和平论坛的致辞，

　　　　　　　　　　　　　　　　《人民日报》2020 年 11 月 13 日

　　中国愿承担与自身发展水平相称的国际责任，继续为应对气候变化付出艰苦努力。我不久前在联合国宣布，中国将提高国家自主贡献力度，采取更有力的政策和举措，二氧化碳排放力争于 2030 年前达到峰值，努力争取 2060 年前实现碳中和。我们将说到做到！

　　　　　　　　——2020 年 11 月 17 日在金砖国家领导人第十二次会晤上的讲话，

　　　　　　　　　　　　　　　　《人民日报》2020 年 11 月 18 日

　　加大应对气候变化力度。二十国集团要继续发挥引领作用，在《联合国气候变化框架公约》指导下，推动应对气候变化《巴黎协定》全面有效实施。不久前，我宣布中国将提高国家自主贡献力度，力争二氧化碳排放 2030 年前达到峰值，2060 年前实现碳中和。中国言出必行，将坚定不移加以落实。

　　　　——2020 年 11 月 22 日在二十国集团领导人利雅得峰会"守护地球"主题边会上的致辞，《人民日报》2020 年 11 月 23 日

　　中国为达成应对气候变化《巴黎协定》作出重要贡献，也是落实《巴黎协定》的积极践行者。今年 9 月，我宣布中国将提高国家自主贡献力度，采取更加有力的政策和措施，力争 2030 年前

二氧化碳排放达到峰值，努力争取 2060 年前实现碳中和。

——2020 年 12 月 12 日在气候雄心峰会上的讲话，

《人民日报》2020 年 12 月 13 日

我已经宣布，中国力争于 2030 年前二氧化碳排放达到峰值、2060 年前实现碳中和。实现这个目标，中国需要付出极其艰巨的努力。我们认为，只要是对全人类有益的事情，中国就应该义不容辞地做，并且做好。中国正在制定行动方案并已开始采取具体措施，确保实现既定目标。中国这么做，是在用实际行动践行多边主义，为保护我们的共同家园、实现人类可持续发展作出贡献。

——2021 年 1 月 25 日在世界经济论坛"达沃斯议程"对话会上的

特别致辞，《人民日报》2021 年 1 月 26 日

我一直主张构建人类命运共同体，愿就应对气候变化同法德加强合作。我宣布中国将力争于 2030 年前实现二氧化碳排放达到峰值、2060 年前实现碳中和，这意味着中国作为世界上最大的发展中国家，将完成全球最高碳排放强度降幅，用全球历史上最短的时间实现从碳达峰到碳中和。这无疑将是一场硬仗。中方言必行，行必果，我们将碳达峰、碳中和纳入生态文明建设整体布局，全面推行绿色低碳循环经济发展。

——2021 年 4 月 16 日同法国总统马克龙、德国总理默克尔举行中法德

领导人视频峰会时的讲话，《人民日报》2021 年 4 月 17 日

去年，我正式宣布中国将力争 2030 年前实现碳达峰、2060 年前实现碳中和。这是中国基于推动构建人类命运共同体的责任担当和实现可持续发展的内在要求作出的重大战略决策。中国承诺实现从碳达峰到碳中和的时间，远远短于发达国家所用时间，需要中方付出艰苦努力。中国将碳达峰、碳中和纳入生态文明建

设整体布局，正在制定碳达峰行动计划，广泛深入开展碳达峰行动，支持有条件的地方和重点行业、重点企业率先达峰。

——2021年4月22日在"领导人气候峰会"上的讲话，

《人民日报》2021年4月23日

全球应对气候变化是一件大事。中国宣布力争2030年前实现二氧化碳排放达到峰值、2060年前实现碳中和，时间远远短于发达国家所用的时间。这是中方主动作为，而不是被动为之。行胜于言。中国将根据实际可能为应对气候变化作出最大努力和贡献，愿根据共同但有区别的责任原则继续积极推动国际合作。

——2021年5月6日同联合国秘书长古特雷斯通电话时的讲话，

《人民日报》2021年5月7日

中国将为履行碳达峰、碳中和目标承诺付出极其艰巨的努力，为全球应对气候变化作出更大贡献。中国将承办《生物多样性公约》第十五次缔约方大会，同各方共商全球生物多样性治理新战略，共同开启全球生物多样性治理新进程。

——2021年7月6日在中国共产党与世界政党领导人峰会上的主旨讲话，

《人民日报》2021年7月7日

地球是人类赖以生存的唯一家园。我们要坚持以人为本，让良好生态环境成为全球经济社会可持续发展的重要支撑，实现绿色增长。中方高度重视应对气候变化，将力争2030年前实现碳达峰、2060年前实现碳中和。中方支持亚太经合组织开展可持续发展合作，完善环境产品降税清单，推动能源向高效、清洁、多元化发展。

——2021年7月16日在亚太经合组织领导人非正式会议上的讲话，

《人民日报》2021年7月17日

坚持人与自然和谐共生。完善全球环境治理，积极应对气候变化，构建人与自然生命共同体。加快绿色低碳转型，实现绿色复苏发展。中国将力争 2030 年前实现碳达峰、2060 年前实现碳中和，这需要付出艰苦努力，但我们会全力以赴。中国将大力支持发展中国家能源绿色低碳发展，不再新建境外煤电项目。

——2021 年 9 月 21 日在第七十六届联合国大会一般性辩论上的讲话，《人民日报》2021 年 9 月 22 日

为推动实现碳达峰、碳中和目标，中国将陆续发布重点领域和行业碳达峰实施方案和一系列支撑保障措施，构建起碳达峰、碳中和"1+N"政策体系。中国将持续推进产业结构和能源结构调整，大力发展可再生能源，在沙漠、戈壁、荒漠地区加快规划建设大型风电光伏基地项目，第一期装机容量约 1 亿千瓦的项目已于近期有序开工。

——2021 年 10 月 12 日在《生物多样性公约》第十五次缔约方大会领导人峰会上的主旨讲话，《人民日报》2021 年 10 月 13 日

坚持生态优先，实现绿色低碳。建立绿色低碳发展的经济体系，促进经济社会发展全面绿色转型，才是实现可持续发展的长久之策。要加快形成绿色低碳交通运输方式，加强绿色基础设施建设，推广新能源、智能化、数字化、轻量化交通装备，鼓励引导绿色出行，让交通更加环保、出行更加低碳。

——2021 年 10 月 14 日在第二届联合国全球可持续交通大会开幕式上的主旨讲话，《人民日报》2021 年 10 月 15 日

中国一直主动承担与国情相符合的国际责任，积极推进经济绿色转型，不断自主提高应对气候变化行动力度，过去 10 年淘汰 1.2 亿千瓦煤电落后装机，第一批装机约 1 亿千瓦的大型风电光伏

基地项目已于近期有序开工。中国将力争 2030 年前实现碳达峰、2060 年前实现碳中和。我们将践信守诺，携手各国走绿色、低碳、可持续发展之路。

——2021 年 10 月 30 日在二十国集团领导人第十六次峰会第一阶段会议上的讲话，《人民日报》2021 年 10 月 31 日

中方期待各方强化行动，携手应对气候变化挑战，合力保护人类共同的地球家园。

——2021 年 11 月 1 日向《联合国气候变化框架公约》第二十六次缔约方大会世界领导人峰会发表书面致辞，《人民日报》2021 年 11 月 2 日

中国将统筹低碳转型和民生需要，处理好发展同减排关系，如期实现碳达峰、碳中和目标。

中国减排行动是一场深刻的经济社会变革。尽管任务极其艰巨，我们将驰而不息，为全球绿色转型作出贡献。中国减排行动也将带动规模庞大的投资，创造巨大市场机遇和合作空间。

——2021 年 11 月 11 日在亚太经合组织工商领导人峰会上的主旨演讲，《人民日报》2021 年 11 月 12 日

要坚持人与自然和谐共生，积极应对气候变化，促进绿色低碳转型，努力构建地球生命共同体。中国将力争 2030 年前实现碳达峰、2060 年前实现碳中和，支持发展中国家发展绿色低碳能源。

——2021 年 11 月 12 日在亚太经合组织第二十八次领导人非正式会议上的讲话，《人民日报》2021 年 11 月 13 日

统筹有序做好碳达峰、碳中和工作

比如，加快推动经济社会发展全面绿色转型已经形成高度共识，而我国能源体系高度依赖煤炭等化石能源，生产和生活体系向绿色低碳转型的压力都很大，实现 2030 年前碳排放达峰、2060 年前碳中和的目标任务极其艰巨。

——2021 年 1 月 11 日在省部级主要领导干部学习贯彻党的十九届五中全会精神专题研讨班上的讲话，《求是》2021 年第 9 期

实现碳达峰、碳中和是一场广泛而深刻的经济社会系统性变革，要把碳达峰、碳中和纳入生态文明建设整体布局，拿出抓铁有痕的劲头，如期实现 2030 年前碳达峰、2060 年前碳中和的目标。

——2021 年 3 月 15 日在主持召开中央财经委员会第九次会议时的讲话，《人民日报》2021 年 3 月 16 日

要把碳达峰、碳中和纳入生态省建设布局，科学制定时间表、路线图，建设人与自然和谐共生的现代化。

——2021 年 3 月 22 日至 25 日在福建考察时的讲话，《人民日报》2021 年 3 月 26 日

我们要牢固树立绿水青山就是金山银山理念，坚定不移走生态优先、绿色发展之路，增加森林面积、提高森林质量，提升生态系统碳汇增量，为实现我国碳达峰碳中和目标、维护全球生态安全作出更大贡献。

——2021 年 4 月 2 日在参加首都义务植树活动时的讲话，《人民日报》2021 年 4 月 3 日

要继续打好污染防治攻坚战，把碳达峰、碳中和纳入经济社会发展和生态文明建设整体布局，建立健全绿色低碳循环发展的经济体系，推动经济社会发展全面绿色转型。

——2021 年 4 月 25 日至 27 日在广西考察时的讲话，

《人民日报》2021 年 4 月 28 日

实现碳达峰、碳中和是我国向世界作出的庄严承诺，也是一场广泛而深刻的经济社会变革，绝不是轻轻松松就能实现的。

——2021 年 4 月 30 日在十九届中央政治局第二十九次集体学习时的讲话，

《人民日报》2021 年 5 月 2 日

要围绕生态文明建设总体目标，加强同碳达峰、碳中和目标任务衔接，进一步推进生态保护补偿制度建设，发挥生态保护补偿的政策导向作用。

——2021 年 5 月 21 日在中央全面深化改革委员会第十九次会议上的讲话，

《人民日报》2021 年 5 月 22 日

白鹤滩水电站是实施"西电东送"的国家重大工程，是当今世界在建规模最大、技术难度最高的水电工程。全球单机容量最大功率百万千瓦水轮发电机组，实现了我国高端装备制造的重大突破。你们发扬精益求精、勇攀高峰、无私奉献的精神，团结协作、攻坚克难，为国家重大工程建设作出了贡献。这充分说明，社会主义是干出来的，新时代是奋斗出来的。希望你们统筹推进白鹤滩水电站后续各项工作，为实现碳达峰、碳中和目标，促进经济社会发展全面绿色转型作出更大贡献！

——2021 年 6 月 28 日致金沙江白鹤滩水电站首批机组投产发电的贺信，

《人民日报》2021 年 6 月 29 日

做好下半年经济工作，要坚持稳中求进工作总基调，完整、准确、全面贯彻新发展理念，深化供给侧结构性改革，加快构建新发展格局，推动高质量发展，做好宏观政策跨周期调节，挖掘国内市场潜力，强化科技创新和产业链供应链韧性，坚持高水平开放，统筹有序做好碳达峰碳中和工作，防范化解重点领域风险，做好民生保障和安全生产。

——2021 年 7 月 28 日在党外人士座谈会上的讲话，
《人民日报》2021 年 7 月 31 日

煤炭作为我国主体能源，要按照绿色低碳的发展方向，对标实现碳达峰、碳中和目标任务，立足国情、控制总量、兜住底线，有序减量替代，推进煤炭消费转型升级。煤化工产业潜力巨大、大有前途，要提高煤炭作为化工原料的综合利用效能，促进煤化工产业高端化、多元化、低碳化发展，把加强科技创新作为最紧迫任务，加快关键核心技术攻关，积极发展煤基特种燃料、煤基生物可降解材料等。

——2021 年 9 月 13 日至 14 日在陕西榆林考察时的讲话，
《人民日报》2021 年 9 月 16 日

党的十八大以来，党中央贯彻新发展理念，坚定不移走生态优先、绿色低碳发展道路，着力推动经济社会发展全面绿色转型，取得了显著成效。我们建立健全绿色低碳循环发展经济体系，持续推动产业结构和能源结构调整，启动全国碳市场交易，宣布不再新建境外煤电项目，加快构建"双碳"政策体系，积极参与气候变化国际谈判，展现了负责任大国的担当。实现"双碳"目标，不是别人让我们做，而是我们自己必须要做。我国已进入新发展阶段，推进"双碳"工作是破解资源环境约束突出问题、实现可持续发展的迫切需要，是顺应技术进步趋势、推动经济结构转型升级的迫切需要，是满足人民群众日益增长的优美生态环境需求、促进人与自然和谐共生的迫切需要，是主动担当大国责任、推动构建人类命运共同体的迫切需要。我们必须充分认识实现"双碳"目标的重要性，增强推进"双碳"工作的信心。

——2022年1月24日在十九届中央政治局第三十六次集体学习时的讲话，

《人民日报》2022年1月26日

后 记

编写组于 2021 年 8 月开始撰写此书。当时从中央到地方，正处于紧锣密鼓研究制定碳达峰方案和"十四五"各项规划的关键时期，这就要求我们编者及时跟踪梳理中央层面和相关部委出台的各类碳达峰碳中和政策文件，时刻学习领会相关重要会议精神。

实现碳达峰碳中和，是贯彻新发展理念、构建新发展格局、推动高质量发展的内在要求，是党中央统筹国内国际两个大局作出的重大战略决策。但在实践中，我们注意到有些地方在理解中央针对"双碳"目标的工作部署要求方面存在一定偏差，主要表现为两种形态：第一种形态是对碳达峰碳中和任务艰巨性估计不足，搞运动式降碳，脱离经济社会发展阶段和技术水平，盲目追求低碳发展，甚至出现影响人民正常生活的"拉闸限电"现象；第二种形态是认为降碳与发展相对立，实现"双碳"目标将会限制地方经济发展，碳达峰前是发展高耗能产业的"窗口期"，"十四五"是布局高碳产业的"战略机遇期"，要抓紧时机勇攀碳排放的高峰。

为了减少和避免在贯彻落实中央有关"双碳"战略部署要求方面进入误区，有必要加强学习、正确理解推进碳达峰碳中和工作面临的严峻形势和重点任务，充分认识实现"双碳"目标的紧迫性、艰巨性、持续性和复杂性，统一思想和凝聚共识，引导地方政府保持战略定力，科学有序地推进"双碳"工作。2021 年 12

月召开的中央经济工作会议强调，要正确认识和把握碳达峰碳中和。实现碳达峰碳中和是推动高质量发展的内在要求，要坚定不移推进，但不可能毕其功于一役。要坚持全国统筹、节约优先、双轮驱动、内外畅通、防范风险的原则。

2022 年 1 月，习近平总书记在主持中共中央政治局第三十六次集体学习时进一步强调，实现"双碳"目标，不是别人让我们做，而是我们自己必须要做。我国已进入新发展阶段，推进"双碳"工作是破解资源环境约束突出问题、实现可持续发展的迫切需要，是顺应技术进步趋势、推动经济结构转型升级的迫切需要，是满足人民群众日益增长的优美生态环境需求、促进人与自然和谐共生的迫切需要，是主动担当大国责任、推动构建人类命运共同体的迫切需要。我们必须充分认识实现"双碳"目标的重要性，增强推进"双碳"工作的信心。要加强党对"双碳"工作的领导，加强统筹协调，严格监督考核，推动形成工作合力。要实行党政同责，压实各方责任，将"双碳"工作相关指标纳入各地区经济社会发展综合评价体系，增加考核权重，加强指标约束。各级领导干部要加强对"双碳"基础知识、实现路径和工作要求的学习，做到真学、真懂、真会、真用。要把"双碳"工作作为干部教育培训体系重要内容，增强各级领导干部推动绿色低碳发展的本领。

本书的编写过程也是一个学习和提升的过程。通过系统梳理"双碳"方面的研究进展和政策文件，编者也进一步丰富了自身气候变化领域的知识储备，提高了对"双碳"工作的理解。

感谢中共党史出版社对本书出版的大力支持，感谢生态环境部环境与经济政策研究中心杨儒浦博士、杜晓林工程师、赵梦雪助理研究员、王鹏博士对编写本书相关章节所作的贡献！衷心希望本书能够帮助广大党员干部更新有关"双碳"领域的"知识库",充实丰富"双碳"工作的"工具箱",有效运用应对全局之变的"指挥棒"。受编者能力所限,本书难免存在不足和疏漏之处,随着"双碳"工作的不断推进和深化,相关理论和实践也会不断更新和发展,真诚期待来自读者的批评指正。

编写组

2022 年 2 月